区块链共识算法原理及应用

——以多标识网络体系管理系统为例

李 挥 王 菡 著

科学出版社

北 京

内 容 简 介

区块链技术是一种全新的分布式基础架构和计算方式，本书着重阐述区块链系统中的共识算法理论及其场景应用。全书共分 7 章。第 1 章介绍区块链的发展过程和基本知识。第 2～5 章介绍传统分布式系统的一致性算法和典型区块链系统的共识机制，并详细介绍基于投票和信任的两种共识算法。第 6 章介绍融合区块链的拟态分布式安全存储系统。第 7 章介绍基于联盟链共识的共管共治多标识网络体系管理系统。

本书可作为高等院校计算机专业本科生、研究生的教材和参考书，也可作为计算机、软件工程等领域工程技术人员的参考书。

图书在版编目（CIP）数据

区块链共识算法原理及应用：以多标识网络体系管理系统为例 / 李挥，王菡著. —北京：科学出版社，2019.12

ISBN 978-7-03-063341-5

Ⅰ. ①区… Ⅱ. ①李… ②王… Ⅲ. ①互联网络-应用-研究 ②智能技术-应用-研究 Ⅳ. ①TP393.4 ②TP18

中国版本图书馆 CIP 数据核字（2019）第 256318 号

责任编辑：赵艳春 / 责任校对：王萌萌
责任印制：吴兆东 / 封面设计：迷底书装

科 学 出 版 社 出版
北京东黄城根北街 16 号
邮政编码：100717
http://www.sciencep.com

北京中石油彩色印刷有限责任公司 印刷
科学出版社发行　各地新华书店经销
*

2019 年 12 月第　一　版　　开本：720×1 000　1/16
2023 年　1 月第二次印刷　　印张：13 1/4
字数：255 000

定价：119.00 元
（如有印装质量问题，我社负责调换）

序

  区块链技术与比特币是"孪生姐妹"，今年是比特币系统诞生十周年。作为首个完全去中心化的公众链加密数字货币——比特币的底层技术是互联网诞生以来最大的一次技术革命，它将对人类社会产生全方位的冲击，包括人类经济、政治、社会的各个领域。回顾一下互联网的发展所经历的若干阶段，从最初只是专业人士用于科研圈的文件信息交流网，到发明 Web 技术用于老百姓的电子商务及门户网站消费型网络，再后来由人人互联到人物或物物互联的万物互联物联网，近年正向价值制造和价值创造的生产型网络——工业互联网进化；可以看出网络技术已经成为人类重要的生活和生产基础设施，但是到目前为止它们的一个共同特点是网络运营或管理模式都需要一个中心化的机构来管理运营，所以它们的重要共同特点是中心控制的网络。

  中心化网络的缺陷是维护其控制管理中心需要高额的成本；它使得行业的垄断骤然产生达到赢者通吃的地步；中心机构还可能泄露或滥用用户的数据或隐私信息。区块链技术正是构建去中心化不需要第三方的、很低成本或不需成本的信任关系，故是传递价值的互联网。

  区块链共识算法是区块链的核心技术，目前专门介绍共识算法的专著并不多，该书填补了这个空缺，它介绍了分布式一致性技术的历史及今天。前 3 章作者先介绍了早期的传统分布式一致性算法，包括分布式同步系统和异步系统共识，进而介绍 20 世纪 90 年代提出的著名状态复制协议 Paxos；然后介绍了近十年来伴随比特币系统上线以来主流的共识算法，包括工作量证明 PoW，及其升级版本 PoS，DPoS；联盟链共识算法的基础算法 PBFT。第 4 章和第 5 章介绍了作者提出的并获得美国专利授权的基于投票的联盟链共识算法 PoV，基于信任的共识算法 CoT，并介绍算法组成及其共识流程，算法实现细节及其性能分析。第 6 章介绍了 PoV 在拟态防御分布式安全存储系统中的应用；第 7 章介绍了基于 PoV 提出的多边共治的多标识未来网络体系 MIN 及其在大规模运营商网络上原理验证，MIN 入选 2019 年乌镇世界互联网大会领先技术成果，从侧面印证了学术与产业界对该技术的期待。

  该书对区块链共识技术从广度和深度上进行了叙述和探究，是该领域的决策者、从业者、研究生和高年级本科生极具新意和实用价值的参考资料。

郑纬民

2019 年 12 月初于清华园

前　　言

区块链是一种在不可信网络中传输可信信息、实现价值传递的分布式账本，而其核心共识机制保证了众多分布式节点的数据达到一种较为平衡的状态，是保障区块链系统不断运行下去的关键。

本书对区块链共识领域进行全面的介绍，包括算法理论和场景应用。作为一类基于传统分布式一致性理论提出的、具有当前区块链系统特色的分布式共识，区块链共识发展至今，主要存在两个方向：一是 BFT 类共识及其在区块链系统中的应用；二是 PoX 类共识(包含著名的 PoW 共识)及其在区块链系统中的应用。本书侧重于介绍区块链系统中常用的共识算法的设计思想并从理论上进行分析。同时，为了有助于读者理解区块链共识的发展和应用，本书详细介绍区块链共识在拟态安全存储及多标识网络体系管理系统中的实践应用。

本书共分 7 章，李挥负责本书的规划、统稿及第 1、4、6、7 章的撰写，王菡负责第 2、3、5 章的撰写。国家重大科技基础设施未来网络北大实验室的李科浇、王贤桂、林志力、黄健森、徐睿、张昕淳、邢凯轩、王博辉等参与了其中部分章节素材的准备，张纪杨、林志力、黄健森、宁崇辉、黄婷、谢鹏程、刘馨蔚、綦九华、白永杰、于海洋等参与了系统开发工作，在此表示感谢！

本书的研究成果受到国家重点研发计划网络空间安全重点专项"拟态防御基础理论研究"(2016YFB0800101)、国家重点研发计划网络空间安全重点专项"先进防御设备与系统研制"(2017YFB0803204)、佛山市科技创新团队项目(2018IT100082)、国家自然科学基金面上项目"基于组合设计的高效分布式存储编码研究"(61671001)、国家重大科技基础设施——未来网络试验设施(发改高技【2016】2533 号，【2018】775号)、广东省大数据计算与存储融合的关键技术研发(GD2016B030305005)、深圳市信息论与未来网络体系重点实验室(深科技创新【2016】86 号)(ZDSYS201603311739428)、深圳市融合网络播控关键技术工程实验室、深圳市 SDN 未来网络工程实验室、深圳市基础研究课题(JCYJ20170306092030521，JCYJ20150331100723974，JCYJ20140417144423192)和华为技术委托课题"未来网络 IDC 全域流量测量"(YBN2017125000)的资助。

由于作者能力有限，书中难免有不足之处，敬请广大读者不吝赐教。

作　者
2019 年 1 月

目　　录

第 1 章　区块链基础

区块链是近年来最具革命性的新兴技术之一。区块链技术发源于比特币，具有以去中心化方式建立信任等突出特点，对金融等诸多行业来说极具颠覆性，有非常广阔的应用前景，受到各国政府、金融机构、科技企业、爱好者和媒体的高度关注。

1.1　区块链简介

区块链是由密码学串接并保存内容的串联交易记录（又称区块）。每一区块包含前一个区块的全部信息的散列（Hash，又称哈希）值，这样的设计使得区块内容具有难以篡改的特性。中本聪（Satoshi Nakamoto）于 2008 年，在"比特币白皮书"中提出区块链概念，并在 2009 年创立了比特币网络，开发出第一个区块，即创世区块。

1.1.1　区块链起源——比特币

2008 年 9 月，以美国投行雷曼兄弟（Lehman Brothers）的破产为开端，金融危机开始在美国爆发并迅速向全世界蔓延。为了应对危机，世界各国政府和中央银行采取了史无前例的财政刺激方案与扩张的货币政策，为由于自身过失而陷入困境的大型金融机构提供了紧急援助。但这些措施引起了大众对传统金融体系的广泛质疑，也动摇了大众对以国家信用为基础的货币体系的信任度。

2008 年 10 月，一位化名为中本聪的密码学研究者以电子邮件的形式向密码朋克（CypherPunk）联盟成员公开发表了一篇关于比特币的论文[1]，描述了一种无须第三方可信机构介入的点对点电子货币系统。中本聪首次提出了区块链的概念。2008 年 11 月，中本聪发布了比特币代码的先行版本。2009 年 1 月 4 日，中本聪在位于芬兰赫尔辛基的一个小型服务器上挖出了比特币的首个区块——创世区块，这也代表着比特币的诞生。中本聪将当天英国泰晤士报头版的标题"财政大臣站在第二次救助银行的边缘"写入了创世区块，不仅开创了货币非国家化理念的新纪元，同时表达了对旧金融体系的嘲讽。

从此，比特币成为区块链技术的第一个也是发展到目前规模最大、应用最广泛的系统。区块链技术作为比特币系统衍生出来的底层技术，被认为是有潜力颠覆金融服务、供应链管理、文化娱乐、智能制造、社会公益、教育就业等多个行业的一种综合性底层技术。

1.1.2　区块链定义

区块链指的是一种在对等网络(peer-to-peer networking，P2P networking，又称点对点网络)环境下，通过透明和可信规则，构建不可伪造、不可篡改和可追溯的块链式数据结构，来实现和管理事务(在比特币中称为交易)处理的模式[2]。根据人们早期对区块链的讨论，狭义上，区块链是一种按照时间顺序将数据区块以顺序相连的方式组合成的链式数据结构，并以密码学方式保证的不可篡改和不可伪造的分布式账本；广义上，区块链是利用块链式数据结构来验证和存储数据、利用分布式节点共识算法来生成和更新数据、利用密码学的方式保证数据传输和访问的安全、利用由自动化脚本代码组成的智能合约(smart contract)来编程和操作数据的一种全新的分布式基础架构与计算方式[3]。

1.1.3　区块链特点

在信息互联网时代，网络上的信息公开透明，但它们也因为可以被随意篡改而不能够完全地被信任，需要第三方可信机构为其真实性提供信任担保。一旦第三方平台倒闭，这种信任便化为泡沫，因此互联网上的数据难以有内生性的价值。但区块链的诞生为互联网上的数据重新赋予了一种可以被信任的价值，数据被存储于全球无数台机器节点之上，变得稳定、可信且不可篡改。区块链技术本质上是一种防篡改的、共享的分布式账本，网络中的所有成员节点共同维护账本，基于密码学技术而非外部信任，同时能够用链式数据结构完整地记录全部交易信息。因此，区块链被认为最有可能驱动实现信息互联网向价值互联网转变。区块链拥有三大显著特征：去中心化、不可篡改和去信任化。

1. 去中心化

区块链的网络体系采用了对等网络架构，节点之间地位对等，不存在超级管理节点，因而区块链具有去中心化的特点。不同于中央网络架构的客户端/服务器(client/server，C/S)服务架构，在对等网络中，每个节点既是服务器也是客户端，依靠用户群而不是中心服务器来交换信息。所有节点共同维护网络中的资源和服务，信息的传输和服务的实现都直接在节点之间进行，可以做到不需要中间节点和中间服务器介入。由于服务是分散在各个节点之间进行的，部分节点或网络遭到破坏对其他部分的影响很小，整个系统具有耐攻击、高容错的优点。另外，在对等网络中，数据价值交换的中间成本非常低，降低了中心化导致的资源成本和时间成本。

2. 不可篡改

区块链的数据组织结构采用了块链式数据结构并结合了纯数学加密算法，具有不可篡改、不可伪造的特点。后写入的数据区块包含了先写入的数据区块的标识信息，任何数据都可以通过链式结构追本溯源地进行校验。链上任意数据的变化均会连锁式地引发后续数据的改变并以此来保证链上数据的正确性。同时，区块链使用密码学中的散列算法，利用 Hash 函数的不可逆向破解特性使得数据的伪造过程不可实现。因此，这样的结构不允许篡改或伪造已经被写入链上并确认过的数据，否则将触发连锁效应导致链上的数据无法通过校验，保证了整条区块链上数据的完整性、真实性和安全性。

3. 去信任化

区块链的信任机制基于密码学中的非对称加密（a symmetric encryption）原理，具有去信任化的特点，任意两个节点之间建立连接无须信任彼此的身份，双方交换数据也无须互相信任的基础。非对称加密是一种纯数学的加密方法，使用一对非对称的公钥和私钥完成加密与解密的过程。例如，当网络中的 Alice 对 Bob 发起一笔转移资产的交易时，Alice 使用 Bob 的公钥对交易进行加密，然后将交易信息向全网公开，该信息只有使用 Bob 的私钥才可解密。当 Bob 使用只有自己拥有的私钥对加密信息进行解密时，即可证明自己是资产的接收者，并得到全网的认可和记录。严谨的加密算法和完善的认证体系保证了区块链网络中交易一方不需要知道对方节点的身份，也不需要第三方机构的信任担保，就可以在陌生模式下进行可信任的交易。网络中所有节点都可以扮演监督者的身份，保证了数据背后交易者的个人隐私安全。

1.2　区块链发展演进路径

区块链技术起源于对等网络、非对称加密、数据库和分布式系统等已发展成熟的技术，通过对这些现有技术的组合和创新，实现了前所未有的功能。至今为止，区块链技术大致经历了 3 个发展阶段：可编程货币、可编程金融和可编程社会[4]，区块链的演进路径如图 1.1 所示。

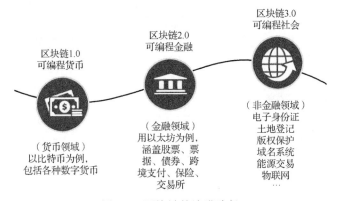

图 1.1　区块链的演进路径

1.2.1　可编程货币

区块链技术的基本应用场景是与转账、汇款和数字化支付相关的密码学货币应用，其中的典型代表就是比特币。

2009 年初，比特币的第一版实施系统正式上线运行。它为人们勾勒了一幅理想的愿景——全球货币的统一。比特币的总量是由网络中的共识协议限定的，不再依赖于各国的中央银行，没有任何个人或机构能够随意修改其中的供应量及交易记录。比特币因其有限的储量也被认为是互联网上的黄金、未来数字货币的价值衡量标准。随着以比特币为代表的数字货币被欧美市场大幅度接受，部分金融机构开始意识到，比特币系统的底层支撑——区块链技术实际上是一种非常巧妙的去中心化的分布式共享账本技术，通过节点间的通信共识来实现数据的交易和媒介、记账、存储的功能，对金融市场有着极大的冲击潜力。

基于区块链的数字货币应用弥补了传统数字货币的弊端。在传统的货币体系中，数字货币和数字资产具有无限可复制性，人们必须依赖第三方可信机构(如银行和支付宝等)来管理和确认某笔资产的归属权。而在区块链中，货币的拥有权是由公共总账本来记录的，并由全网节点来确认。节点每收到一个新的交易，都会向前遍历检查此交易所用的数字货币是否属于当前交易发起方，若发现这个数字货币已经被使用则投反对票否决此交易，最终这笔交易将无法被记录到区块链上。因此，区块链的账本管理权属于网络中的全部拥有账本副本的节点，而无须依赖某一可信的中心化机构。用户在发起交易时不需要考虑交易对方是否可信，区块链的信任规则建立在一个公开透明的数学算法之上，能够实现在不可信网络中进行可靠的支付和交易。

比特币凭借其先发优势，目前已经形成图 1.2 中体系完备的涵盖发行、流通和

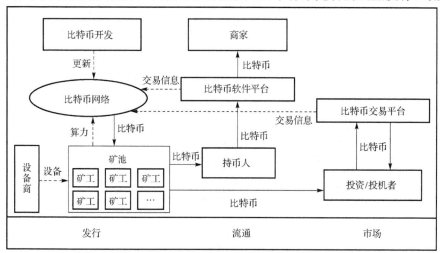

图 1.2　比特币生态圈

金融衍生市场的生态圈与产业链[3]，占据了绝大多数数字加密货币的市场份额。至此，以比特币为代表的数字货币构成了区块链的可编程货币阶段。但是由于最初的区块链架构只是比特币系统的底层支撑，它的功能设计主要围绕数字货币的实现来考虑，具有一定的局限性。因此，区块链在发展的下一阶段——可编程金融中加入了智能合约的概念。

1.2.2　可编程金融

比特币的出现给金融业带来了一种全新的货币体系，区块链技术在可编程货币阶段体现的价值担保和价值传递属性，为以信用为基石的金融行业带来了颠覆性的机遇。人们逐渐将目光转向了泛金融领域，试图利用区块链技术来转换不同的资产，例如，股票、债券、期货、贷款、抵押和产权等，而不仅仅是数字货币，可编程金融阶段随之到来。其中的核心代表就是智能合约。

智能合约的概念最早是由 Nick Szabo 于 1994 年提出的，是一套以数字形式定义的承诺[5]。以太坊项目首次将智能合约应用在区块链中，该项目也是智能合约在区块链的本阶段最成功的应用。按照 Vitalik Buterin 在白皮书[6]中的设计，以太坊的目标是构建一个开源的图灵完备的智能合约平台，所有开发者都可以依据自身需求在以太坊上建立自己的应用和发行自己的代币。在以太坊区块链中，智能合约是存放在合约地址上的数据和代码的集合，该地址上的代码在一定条件下会自发执行，因此它允许合约双方在没有第三方担保的情况下进行可追踪且不可逆转的可信交易。

相较于传统合约，智能合约提供的可信度能够最大限度地替代纸质签字所能够保证的合约可信度。传统合约是双方或者多方在互相信任彼此会履行义务的前提下，共同协商在不同的条件下执行不同的流程；而智能合约利用区块链去信任化的特点，实现可信的合约流程在线自动化执行。首先，智能合约完全是由代码定义执行的，一旦启动就会自动根据判决条件而运行，无须线下的人为干预。其次，智能合约是分布式的，不依赖于第三方可信机构的服务器提供担保，可以在区块链网络节点中自动达成共识和运行，不需要提前信任中心服务器。

以以太坊智能合约为标志的可编程金融阶段，代表着区块链开始广泛地应用于金融领域。但仅在金融场景应用已经不能充分施展区块链技术的潜力，随着区块链技术的发展，应用开始从金融全面下沉到各个领域，区块链同时迈入了新的阶段——可编程社会。

1.2.3　可编程社会

随着研究和应用的不断深入，区块链技术逐渐超越金融领域，扩展到政府、健康、科学、工业、文化和艺术等社会领域，能够支持广义资产、广义交换和行业应用，进而作为一种能够实现万物互联的底层协议驱动信息互联网向价值互联网转变。

价值互联网的核心是由区块链构造的一个全球性的分布式记账系统,记录的内容可以是任何有价值的能以代码形式进行表达的事物,例如,对共享汽车的使用权、信号灯的状态、出生和死亡证明、教育程度、财务账目、保险理赔、投票和能源状态等。区块链对互联网中每一个代表价值的信息和字节进行认证、计量和存储,从而实现资产在区块链上可被追踪、控制和交易[7]。

同时,区块链平台开始具备企业级属性以支持行业应用,并且增加了适用于不同应用场景的权限控制功能。互联网行业巨头纷纷拓展区块链业务,加入到区块链的技术研究与场景应用中来。腾讯开发了企业级的区块链基础服务平台 Trust SQL,已经落地供应链金融、医疗、数字资产、物流信息、法务存证和公益寻人等多个场景。阿里巴巴将区块链技术去中心化和防篡改的特性应用在公益、正品追溯、租赁房源溯源和互助保险等场景内,共申请了约 80 项区块链专利。百度金融(度小满科技(北京)有限公司)先后与华能信托(华能贵诚信托有限公司)和长安新生(长安新生(深圳)金融投资有限公司)等合作了国内首单区块链技术支持证券化项目以及基于区块链技术的交易所资产支持证券化(asset backed securitization,ABS)项目。

如图 1.3[8]所示,目前,我国的区块链产业链条已经形成。从上游的硬件制造、平台服务、安全服务,到下游的产业技术应用服务,到保障产业发展的行业投融资、媒体、人才服务,各领域的公司基本完备,协同有序,共同推动产业不断前行。

1.2.4　区块链底层平台

在区块链产业,底层平台是目前很多公司的布局方向。其中主流的平台模式有公有链、联盟链和区块链即服务(blockchain as a service,BaaS)[9],它们的应用场景和设计体系各不相同。

1. 公有链

公有链是指向全世界所有人开放,每个人都能成为系统中的一个节点参与记账的区块链。任何节点都可以无须许可地自由加入或退出公有链系统,并在其中读取数据、竞争记账、发送和转发待确认事务。它通常将激励机制和加密数字验证相结合来保证参与者竞争记账的活跃性,以确保数据的安全。公有链被广泛地认为是完全去中心化的,公开的共识过程决定了可以被写到链上的区块以及确切的当前状态,任何人或者机构都不能恶意控制数据的读写或篡改数据。

公有链是目前应用最为广泛的区块链,它的优点包括:程序开发者无权干涉用户,保护用户免受开发者的影响;所有数据默认公开,每个参与者可以看到所有的账户余额和交易活动,系统运作过程公开透明;访问门槛低,任何拥有足够技术能力的人都可以访问;通过社区激励机制更好地实现大规模的协作共享等。

公有链的典型平台有比特币[1]、以太坊[6]等,国内的领先平台有小蚁[10]等。

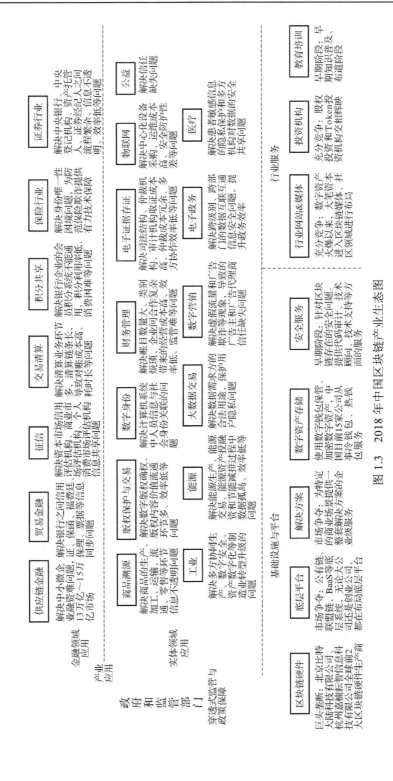

图 1.3　2018 年中国区块链产业生态图

2. 联盟链

联盟链是指若干个机构共同参与记账的区块链,每个机构运行一个或多个节点,联盟成员之间通过对多中心的互信来达成共识。链上块的创建由预选的记账节点共同决定,而且只允许成员节点进行读写、记录和发送交易。与公有链不同,联盟链被认为是部分去中心或者是多中心的。它在某种程度上只属于联盟内部的成员所有,链上的数据仅限联盟里的机构和成员有权限地进行访问。

相比于公有链,联盟链在高可用、高性能、可编程和隐私保护上更有优势,主要体现在:精简了节点数,使得系统的运行效率更高,成本更低;系统更加灵活,只要大部分机构达成共识,就能够很容易地在链上进行修改规则、还原交易和修改余额等操作;实施节点准入控制,制定符合要求的监管规则,保证了联盟链的可信安全。

联盟链的典型平台有超级账本(Hyperledger)等,国内的领先平台有 BCOS (blockchain open source)[10]等。

3. 区块链即服务

区块链即服务[8]参考了云计算领域的软件即服务(software as a service,SaaS)的概念,通常是一个基于云服务的企业级的区块链开放平台,配有权限管理功能,能够支持私有链、联盟链或多链。BaaS 在云端为中小企业或个人用户提供搭建区块链所需的资源,帮助用户快速地建立自己所需的开发环境。它还提供了基于区块链的搜索查询、交易提交和数据分析等一系列操作服务,该操作服务集合可能是中心化的,也可能是去中心化的。此外,在 BaaS 服务商提供的标准服务的基础上,开发者也可以根据自己的产品和业务特点,通过在线配置和上传代码功能来扩展自定义的个性化需求。

作为一种应用开发的新模式,BaaS 因其一键式快速部署接入、私有化部署、完善便捷的区块链开发体验和丰富的运维管理等特色能力,受到越来越多的开发者的青睐。

BaaS 的典型平台有 Microsoft Azure BaaS、IBM Blockchain 等,国内的领先平台有腾讯云区块链服务(tencent blockchain as a service,TBaaS)[11]、华为云区块链服务(blockchain service,BCS)[12]等。

总体来说,公有链与联盟链、区块链即服务虽然采取了不同的发展路径,但是现在我们仍无法断定哪个更优,三者依然会长期共存。大胆预测,有些平台最后将殊途同归,或者未来会通过跨链技术将分散的联盟链系统连接在底层公有链之上,形成更大范围的价值互联网产业生态。

1.2.5　区块链分层架构

袁勇等[3]在研究了区块链的体系架构之后,总结性地提出了区块链的六层基础架构模型,如图 1.4 所示,自下而上分别为数据层、网络层、共识层、激励层、合约层和应用层。其中底部的数据层、网络层、共识层是区块链架构中的必备元素,顶部的激励层、合约层、应用层可在必备元素搭建的基础架构之上进行选择性的配置。

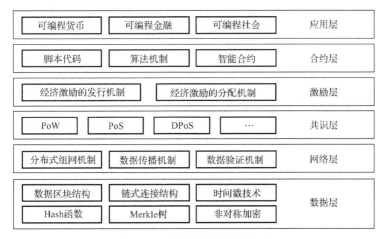

图 1.4　区块链基础架构模型

1. 数据层

数据层封装了区块链最底层的数据区块结构、链式连接结构、时间戳技术、Hash函数、Merkle 树以及非对称加密等模块,大体上继承了比特币中底层数据的存储模型,是必备元素中的根基。

拥有记账权的矿工(节点)创建区块并链接到前一区块,形成一条最长的主链。链上记录了区块内数据的完整历史,便于数据的追本溯源。在短时间内,由于网络延迟,可能存在两个矿工同时创建区块,导致区块链产生分叉。在比特币中,通过工作量证明机制,矿工将新创建的区块链接到累计工作量最高的链上,保证数据的最终一致性。Merkle 树是数据层中非常重要的数据结构,它帮助实现简易支付验证,即节点能够在不运行完整区块链网络节点的情况下进行交易验证。数据层还通过非对称加密技术保证数据的安全性和证明交易的所有权,常用的算法有 RSA、Rabin和椭圆曲线加密(elliptic curve cryptography, ECC)等。

2. 网络层

网络层包括了分布式组网机制、数据传播机制和数据验证机制等内容,代表区块链网络具有自动组网功能。

区块链应用追求去中心化，因此采用对等的网络架构。对等网络是一种扁平式的拓扑结构，每个节点的地位相同，不存在任何中心化的特殊节点，节点也不需要知道全网中所有节点的信息。当新节点加入时，首先与网络中的长期稳定的种子节点建立连接，然后寻找网络中的其他节点。交易和区块都是通过广播的方式在节点之间传播。每个节点会独立验证接收数据的有效性，只有当数据有效时，才会继续广播给下一跳节点，否则会立刻丢弃，以防止无效交易在区块链网络中传播。

3. 共识层

共识层主要封装了网络节点间的各类共识算法，本质上是带激励效应的分布式一致性算法，是区块链中的大脑，也是本书研究的重点。

共识层保证了节点之间区块数据的一致性。共识算法发展较快，除了最早比特币系统的工作量证明（proof of work，PoW）共识[1]，还有点点币（peercoin）系统的权益证明（proof of stake，PoS）共识[13]、比特股系统的股份授权证明（delegated proof of stake，DPoS）共识[14]、超级账本系统的实用拜占庭容错（practical byzantine fault tolerance，PBFT）共识[15]、小蚁系统的拜占庭容错委托（delegated byzantine fault tolerance，dBFT）共识[9]、本书作者提出的投票证明（proof of vote，PoV）共识[16]等。

4. 非必备层

激励层包括经济激励的发行机制和分配机制，主要在公有链场景中出现，其目的是鼓励更多的良性节点参与区块链的数据交易和记账工作，同时惩罚恶意节点，为共识机制提供保障。

合约层主要封装各类脚本代码、算法机制和智能合约，是区块链系统实现灵活编程和控制交易的基础。可编程货币阶段的区块链不存在这一层，因此最初区块链应用只能进行链上交易，而无法适用于金融以外的领域或是进行其他的逻辑处理。合约层的出现使得区块链在众多领域的应用成为现实。

应用层封装了区块链的各种应用场景和案例，包括货币和金融等可利用区块链的防伪溯源特性的应用。

1.3　区块链关键技术

从技术角度讲，区块链涉及的领域较为广泛，包括分布式、存储、密码学、心理学、经济学、博弈论和网络协议等。目前最为关键的技术点包括数据组织结构、分布式账本、共识机制、加密机制、智能合约等。

1.3.1　数据组织结构

区块链底层的块链式结构为其不可篡改的特性奠定了重要基础。在区块链中，数据以区块的方式永久储存。区块链数据组织结构如图 1.5 所示[17]，区块按照时间顺序被逐个先后创建并连接成链，每个区块一般由区块头（block header）和区块体（block body）两部分组成。

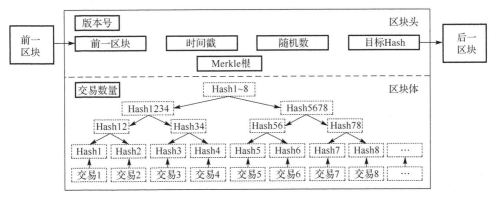

图 1.5　区块链数据组织结构

区块头用于链接前后区块并且保证历史数据的完整性，它记录了前一区块的 Hash 值、时间戳、随机数（nonce）、Merkle 根等。根据比特币挖矿算法，节点（矿工）检验交易的有效性，竞猜随机数解决数学难题，成功挖矿的节点将交易打包加入区块，并连接到链上最新的区块。前一区块的 Hash 值使得当前区块始终唯一地指向前一区块，从而形成区块链独特的链式结构。区块头中的随机数是矿工解决上述数学难题的解。Merkle 根由所有交易数据的 Hash 值两两进行 Hash 计算后得出，能够总结并快速归纳校验区块中的所有交易数据。根据 Hash 函数的不可逆向破解特性，一旦区块体中的某个交易被篡改，也需要相应地改变区块头中的 Merkle 根以保证区块数据的完整性，再通过对区块头进行计算得到每个区块的唯一 Hash 值来代表此区块的独一无二性。

区块体则包含了区块创建过程中产生的所有交易数据（transaction，TX），其中已确认的交易或者已经被花出去的钱称为 TXID（transaction identifiers），未确认的交易称为 UTXO（unspent transaction outputs）。

1.3.2　分布式账本

区块链技术的本质是分布式账本技术，一种能够在网络节点之间共享、复制、同步以及记录网络内部交易的数据库[18]。

分布式账本来源于分布式存储，但相较于传统的分布式存储，分布式账本技术在 P2P 网络中的对等节点之间实现，对等节点共同提供服务，不存在任何特殊节点。如图 1.6 所示，与中心式账本相比，分布式账本在网络中不同地方的每一个节点处都保存有一份完整的账目记录，使得系统不再需要将事务汇总记账工作交给中心化架构完成，也不再需要中心化信任机构来担保账目的真实性和完整性。

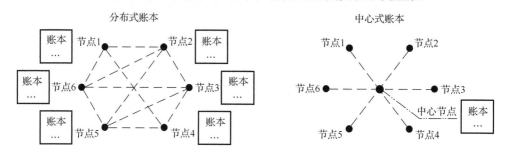

图 1.6　分布式账本 VS 中心式账本

分布式账本的特性在于：一方面，所有的对等节点都可以参与监督事务的合法性，也可以共同为账目中的合法数据作证。与传统的中心式记账方案不同，分布式账本不允许任何一个节点作为中心化节点单独记录账目，而是由所有节点协作共同记账并维持副本数据的一致性，避免了单一记账节点被恶意控制来做假账的可能性。另一方面，由于记账节点足够多，从理论上说，除非所有的节点都被破坏，否则账目就不会丢失。这种假设过于极端，在现实中几乎不可能发生，因此通常认为分布式账本技术的冗余策略可以有效地保证账目数据的安全性。

1.3.3　共识机制

共识机制是保持分布式账本数据的有效性和不可篡改性的重要手段，它为所有记账节点提供了一种协作方式，使它们能够在很短的时间内完成对事务的验证和确认。区块链的共识机制主要解决由谁来创建区块，以及如何维护对等网络中区块数据统一的问题，这需要同时满足两个性质[19]。

(1)一致性：所有诚实节点保存的区块头完全相同。

(2)有效性：由某个诚实节点发布的信息终将被其他所有诚实节点记录在自己的区块链中。

共识机制的理论基础是拜占庭容错问题。从 20 世纪 80 年代研究至今，该问题解的前提条件及具体实现已经形成了一套较为成熟的理论体系。然而，拜占庭算法通常在轻量级的分布式环境下实现。中本聪另辟蹊径，在比特币系统中提出了新的 PoW 共识，创造性地使用了一种简单暴力的方式，结合经济学激励机制，解决了拜占庭容错问题，实现了在大规模的对等网络中的数据统一。通过算力竞争，只有得到超过全网 50%以上算力节点认可的事务才能被写入区块链中，成为不可篡改的数据。

共识机制的核心是区块的创建和检验，PoW 共识使用挖矿的方式创建区块，PoS 共识使用铸造的方式构建区块。不同的共识算法都有其适应的应用场景，没有一个绝对的标准去区分孰优孰劣。

1.3.4　加密机制

加密是通过算法手段将原始信息进行转换，使信息的接收者能够利用密钥对密文进行解密得到原文的过程[20]。按照加密方和解密方的密钥相同与否，加密机制分为对称加密、非对称加密和混合加密三种类型。

对称加密机制的加解密过程使用相同的密钥，具有效率高、空间占用率小的优点，适用于大量数据的加密场景。但是，这种加密机制需要向参与各方提前分发密钥，难以在不可靠的网络内保证算法的安全性。非对称加密机制很好地解决了这一问题。

顾名思义，非对称加密机制使用不同的加解密密钥，即公钥和私钥。公钥是对全网公开的，可以被相关方自由获取，私钥则只被加密方持有并严格保密，加密算法保证了攻击者无法从公钥推算出私钥。图 1.7 给出了非对称加解密过程的示意图，用某个密钥(公钥或私钥)加密过的消息必须由对应的另一个密钥(私钥或公钥)才能解开。非对称加密机制的优点是公私钥分离，适用于数字签名、登录认证和密钥协商等不可靠的网络场景。相对应地，这种加密机制也存在着算法运算复杂度高、执行速度慢等缺点。

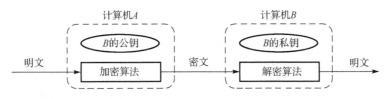

图 1.7　非对称加解密过程的示意图

对称加密机制和非对称加密机制各有优缺点，形成互补，在很多实际应用场景中也会将它们组合起来，即混合加密机制。在图 1.8 的例子中，加密过程分为两个阶段：第一阶段先使用运算复杂度高的非对称加密机制协商一个临时的会话密钥，第二阶段再通过对称加密机制对传递的大量数据进行加解密运算。

目前区块链中的加密机制都是非对称的。常用的非对称加密算法包括 RSA、ELGamal、Diffie-Hellman 和 ECC 等。以比特币系统为例，其非对称加密机制如图 1.9 所示。比特币私钥通常由操作系统底层的随机数生成器产生，25bit 的长度使得系统基本能够抵抗现有的遍历攻击。为了便于识别和书写私钥，使用 SHA256 和 Base58 算法将其转换成 50char 提供给用户。比特币公钥由椭圆曲线乘法计算得出，其反向运算称为寻找离散对数，被认为是几乎不可能完成的运算。公钥通过 SHA256 和

RIPEMD160 双 Hash 运算生成摘要,再进行 SHA256 和 Base58 转换为比特币交易地址。下面将详细介绍比特币系统中使用到的 ECC 算法、散列算法和基于非对称加密的数字签名技术。

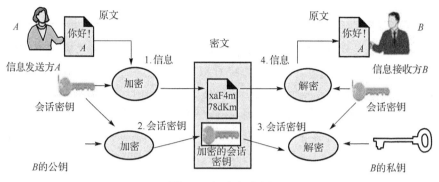

图 1.8　混合加密例子

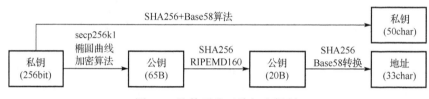

图 1.9　比特币非对称加密机制

1. ECC 算法

ECC 算法基于椭圆曲线离散对数问题保证逆向计算的难度,并通过离散点的运算来实现加密。

在形如 $y^2 + a_1xy + a_3y = x^3 + a_2x^2 + a_4x + a_6$ 的椭圆曲线上,任意两点 P、Q 的相加等于经过这两点做直线(若两点重合则做它们的切线)交椭圆曲线于点 R',再过点 R' 做 y 轴的平行线交于点 R,记为 $P+Q=R$,如图 1.10 所示。

考虑到小数位的计算会大幅地降低运算速度,并且四舍五入会影响运算精度,为了更好地将椭圆曲线计算应用于加密机制,必须对其做离散化处理,令各点的横纵坐标都为整数且有限。比特币使用了 secp256k1 标准的有限域椭圆曲线 $y^2 = (x^3 + 7) \bmod p$(其中 p 为质数),该有限域内包含了 p 个元素,形成了一系列椭圆曲线上的复杂散点。与连续椭圆曲线相同,离散椭圆曲线也满足加法封闭性。

在 ECC 算法中,生成公私钥对的过程是有限域椭圆曲线的乘法计算过程,也等同于加法运算的多次重复过程。从一个随机生成的 256 位私钥 k 开始,与椭圆曲线上已定义的生成点 G 相乘得到 $k \times G$,即公钥 K。从私钥推导出公钥的运算不可逆,因此由公钥衍生出的比特币地址可以向全网随意公开而不必担心私钥泄露导致的安全性问题。

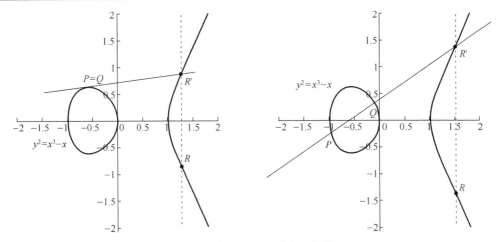

图 1.10　椭圆曲线上的加法运算

2. 散列算法

散列算法的原理是将任意长度的消息映射为定长的字符串(又称 Hash 值或消息摘要)。该算法具有强对抗性,不同的输入消息很高概率会对应到不同的字符串。本质上,散列算法的目的不是加密而是抽取数据特征,可以理解 Hash 值为输入数据的指纹信息。另外,由于 Hash 值的地址空间极为庞大,逆向暴力破解的难度极高,因此常用来处理消息以提高安全性。典型的散列算法有 MD5、SHA1/2 和 SM3,比特币采用的散列算法为 SHA256。

散列算法的安全性取决于抗强碰撞的能力。目前已有的对 Hash 函数的攻击方法包括生日攻击、彩虹表攻击和差分攻击等。从原理上看,生日攻击可用于攻击任何类型的 Hash 函数,因为它没有利用 Hash 函数的结构和任何代数弱性质,而只依赖于 Hash 值的长度。因此,Hash 值长度对于安全性的影响极为重要。相比于 160bit 的 SHA1 算法,SHA256 算法输出的 Hash 值长度为 256bit,具有更强的抗生日攻击能力。此外,SHA256 算法采用了迭代型结构,由于存在雪崩效应,碰撞复杂度会随着算法轮数的增加而急剧上升,能够有效地抵御利用 Hash 函数固有属性进行碰撞的各种攻击。综合这两个特点,SHA256 算法被认为是目前最安全的 Hash 函数之一。

3. 数字签名技术

在区块链系统中,每一条数据交易都需要签名,以保证信息的完整性和真实性。与加密过程不同,数字签名使用私钥生成一个签名,接收方使用公钥进行校验。一个简单的数字签名机制是,若 A 向 B 发送一条消息,为了向 B 证明这条消息只有 A 才能发出,A 用私钥将消息 M 加密成一个签名 S,B 收到消息 M 和签名 S 后,用 A

的公钥解密 S，并比对解密后的消息和 B 收到的消息 M，若相同即可证明签名有效。

在实际的系统中通常要求保密性，一般使用图 1.11 所示的结合散列算法的数字签名机制。发送方 A 用一个 Hash 函数从消息中生成消息摘要，然后用自己的私钥将这个摘要加密为签名，和消息一起发送给接收方 B。接收方首先用与 A 相同的 Hash 函数从接收到的消息中计算出消息摘要，再用 A 的公钥来对附加的签名进行解密。比较这两个摘要，若相同则可确认签名属于 A。

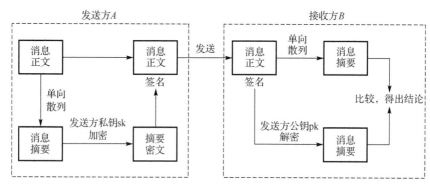

图 1.11　结合散列算法的数字签名机制

1.3.5　智能合约

智能合约本质上是基于区块链上可信记录与数据的一种能够自动验证并执行预先定义的条款和规则的计算机协议[21]。它的设计初衷是在没有第三方的情况下完成可追踪且不可逆转的可信交易。由于缺少合适的执行环境和应用场景，直到区块链出现以后，智能合约才逐渐受到人们的重视。

作为智能合约的雏形，比特币系统中的脚本机制在区块链上实现了自动验证和执行合约的功能[22]。这种采用逆波兰表示法、基于堆栈的脚本语言相对简单，只包含基本算术运算、基本逻辑(例如，if…then 等)、报错、返回结果和一些加密语句，不支持循环语句，因此只能解析一些 OP 指令。在此基础之上，以太坊设计了一套支持脚本的图灵完备的智能合约，能够实现更加复杂的功能。

在区块链系统中，智能合约的构建和执行包括以下 3 个步骤[23]。

(1)多方用户共同参与制定一份智能合约。首先，相关的各方用户根据交易需求制定一份合约，明确双方的权利和义务。再将这些权利和义务以电子化方式编程，代码中还包含了触发合约自动执行的条件。最后，参与者使用各自的私钥对合约进行签名来确保有效性。

(2)智能合约通过 P2P 网络扩散并存入区块链。合约通过 P2P 网络传播给每个节点，收到合约的节点验证其有效性并等待新一轮的共识。在共识时刻，记账节点将最近共识间隔内产生的有效合约打包成一个合约集合并封装成区块写入区块链中，合约区块示意图如图 1.12 所示。

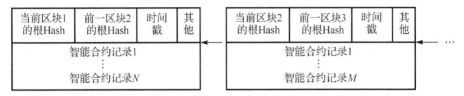

图 1.12　合约区块示意图

(3) 自动执行智能合约。智能合约定期检查其封装的状态机、交易以及触发事件，智能合约区块示意图如图 1.13 所示，将满足触发事件的交易放入待验证的队列中等待共识。共识完成后，智能合约自动执行交易并通知用户。当合约内所有交易都顺序执行完成后，状态机标记该合约为完成状态，并从最新的区块中移除该合约；反之，标记其为进行状态，继续保存在最新的区块中等待下一轮处理，直到处理完毕。

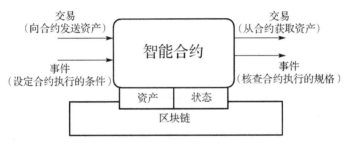

图 1.13　智能合约区块示意图

1.4　区块链与共识

区块链是由对等网络、非对称加密、共识机制、数据库和分布式系统等技术综合后形成的复合型技术，其核心突破就在于去中心化环境下达成自发式的以维护群体利益为核心的共识。

什么是共识问题？在区块链的典型应用——可编程货币中，面临着一系列相关的安全和管理问题，例如，区块数据传输到各个分布式节点的先后次序如何控制？如何应对传输过程中的数据丢失问题？节点如何处理错误或者伪造的信息？如何保障节点之间信息更新和同步的一致性？这些问题的解决方案可以追溯到拜占庭容错问题，但如何以此为基础研究区块链专用的共识机制，已成为各个区块链应用首要考虑的问题。

1.5　本　章　小　结

区块链的三个演进阶段并不遵从进化式发展，而是以同步的形式螺旋前进。

第一阶段，参考比特币的市场应用，各国尝试开发基于区块链的法定加密数字货币，各大金融机构开始发行内部交易货币，实现了可编程货币。

第二阶段，业界逐渐引入智能合约，使得区块链的应用涵盖股票、票据、债券、跨境支付、保险和交易所等多个金融领域，实现了可编程金融。

第三阶段，人们进一步探索区块链带来的价值互联网革命，区块链从泛金融领域拓展到非金融领域，包括电子身份证、土地登记、版权保护、能源交易和物联网等多方面，以期实现可编程社会。

区块链的快速发展离不开其关键技术的日益成熟，各项关键技术的产业化实现也同时加速了区块链应用的落地。区块链使得经济不仅仅是金钱的流通，互联网不仅仅是信息的流通，而是进一步促进信息、资金和价值的有效配置和流通，使人力内耗降到最低，实现真正意义上的分布式协作。

参 考 文 献

[1] Satoshi N. Bitcoin: A peer-to-peer electronic cash system. http: //bitcoin. org/bitcoin. Pdf. [2008-11-05].

[2] 中国区块链技术和产业发展论坛. 区块链数据格式规范. http://www.cesi.cn/images/editor/20171227/20171227154118126.pdf. [2008-11-05].

[3] 袁勇, 王飞跃. 区块链技术发展现状与展望. 自动化学报, 2016, 42 (4): 481-494.

[4] Swan M. Blockchain: Blueprint for a New Economy. Sebastopol: O'Reilly Media, Inc., 2015.

[5] Szabo N. Smart contracts. http://www.fon.hum.uva.nl/rob/Courses/InformationInSpeech/CDROM/Literature/LOTwinterschool2006/szabo.best.vwh.net/smart.contracts.html. [2018-11-05].

[6] Buterin V. Ethereum white paper. GitHub Repository, 2013: 22-23.

[7] 董宁, 朱轩彤. 区块链技术演进及产业应用展望. 信息安全研究, 2017, 3 (3): 200-210.

[8] 工业和信息化部信息中心. 2018 年中国区块链产业白皮书, 2018.

[9] Zhang E. A byzantine fault tolerance algorithm for blockchain. dBFT Whitepaper, 2014.

[10] 微众银行, 万向区块链, 矩阵元. BCOS 平台白皮书: 面向分布式商业的区块链基础设施 V1. 0, 2017.

[11] 腾讯云. 腾讯云区块链 TBaaS 产品白皮书, 2018.

[12] 华为技术有限公司. 华为区块链白皮书, 2018.

[13] King S, Nadal S. PPCoin: Peer-to-peer crypto-currency with proof-of-stake. https://bitcoin.peryaudo.org/

vendor/peercoin-paper.pdf.[2018-11-05].

[14] Larime D. Delegated proof-of-stake(DPoS). Bitshare Whitepaper, 2014.

[15] Castro M, Liskov B. Practical byzantine fault tolerance. Proceedings of the 3rd Symposium on Operating System Design and Implementation, New Orleans, 1999: 173-186.

[16] Li K, Li H, Hou H, et al. Proof of vote: A high-performance consensus protocol based on vote mechanism & consortium blockchain. 2017 IEEE 19th International Conference on High Performance Computing and Communications, Bangkok, 2017: 406-473.

[17] Antonopoulos A M. Mastering Bitcoin. Sebastopol: O'Reilly, 2017.

[18] Walport M. Distributed ledger technology: Beyond blockchain. UK Government Office for Science, 2016.

[19] Garay J, Kiayias A, Leonardos N. The bitcoin backbone protocol: Analysis and applications. Annual International Conference on the Theory and Applications of Cryptographic Techniques, Berlin, 2015: 281-310.

[20] 工业和信息化部信息化和软件服务业司. 中国区块链技术和应用发展白皮书, 2016.

[21] Watanabe H, Fujimura S, Nakadaira A, et al. Blockchain contract: Securing a blockchain applied to smart contracts. Proceedings of 2016 IEEE International Conference on Consumer Electronics (ICCE), Las Vegas, 2016: 467-468.

[22] Gatteschi V, Lamberti F, Demartini C, et al. Blockchain and smart contracts for insurance: Is the technology mature enough? Future Internet, 2018, 10(2): 20.

[23] 长铗, 韩锋. 区块链: 从数字货币到信用社会. 北京: 中信出版社, 2016: 47.

第2章 传统分布式一致性算法

随着摩尔定律达到瓶颈，开发者逐渐选择采用分布式架构以满足海量数据处理和可扩展计算的需求。其中，一致性问题是分布式计算[1]领域最基础和最重要的问题，描述了分布式系统中多个节点对数据状态的维护能力。如果分布式系统能够实现一致，对外就可以呈现为一个完美和可扩展的虚拟节点，相较于物理节点具备更优越的性能。共识问题则是对一致性问题的本质归纳，描述了分布式系统中多个节点之间彼此对某个状态达成一致结果的过程。

2.1 分布式同步系统共识

分布式同步系统的共识较为简单。所有组件在同步轮次中同时执行算法步骤。在同步模型中，消息送达的耗时是已知的，每个进程的速度也是确定的，因此每个进程执行一个算法步骤的耗时是确定的。

2.1.1 系统模型

1. 同步消息传递模型

假设系统由 n 个处理器(节点)组成，每个处理器在本地执行一个串行算法。这些节点通过全连接的通信网络发送和接收消息,每对节点之间都存在双向通信信道。此外，信道是可靠的，消息不会发生丢失、重复或更改。

下面的表述将不考虑进程(process)和处理器(processor)的区别。下面给出几个基本的通信操作。

(1)进程 p_i 通过调用 send m to p_j 给进程 p_j 发送消息 m 。send 操作是原子的，即无论 m 的大小如何，它的状态只有完全执行或完全不执行,不存在仅发送一半消息的情况。

(2) broadcast m ：for each $j \in \{1,\cdots,n\}$ for do send m to p_j end for 。与 send 操作不同，broadcast 操作是非原子的。另外，broadcast 终止只保证消息 m 已经被发送到全部进程，但是并不对发送顺序做出要求。

(3) receive 操作用来接收消息，这一过程以隐式的方式出现在算法描述中。

同步模型是一种特殊的时间假设。它认为消息传输时延和进程执行时间都有已知的上限，从而消除了异步系统中的时间不确定性。因此，可以在逻辑上假设进程是以锁步(lock-step)方式运行的。

2. 基于轮的同步模型

锁步意味着分布式同步算法[2]可以用基于轮(round)的模型来描述，其中每次运行(run)都由一系列有限的轮(编号为 1，2，…)组成。系统的当前轮数用一个只读全局变量 r 表示，轮数变量 r 的值由同步假设隐式地维护。一轮由 3 个连续的阶段组成。

(1)发送阶段：本地算法指定进程 p_i 广播一条消息。

(2)接收阶段：每个进程接收消息。一个基本的性质是进程 p_i 在第 r 轮向进程 p_j 发送的消息将在同一轮中被接收。

(3)本地计算阶段：进程 p_i 根据历史状态和接收到的消息修改当前本地状态。此外，进程 p_i 还会计算其将要在下一轮广播的消息(如果有的话)。

图 2.1 给出一个简单的同步运行的例子。每个进程在每一轮中都广播一条消息，然后等待消息的到来，据此进行本地计算直到算法强制所有进程进入下一轮。

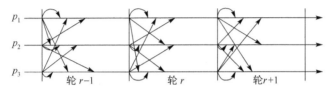

图 2.1　一个简单的同步运行的例子

3. 故障模型

在分布式系统中，如果一个进程的行为偏离其算法规定的行为，那么该进程就是错误的。否则，该进程是正确的。故障模型定义了进程允许的错误方式。值得注意的是，如果一个进程的出错程度大于故障模型限定的错误范围，则相应的算法可能无法解决这个错误。

故障模型一般分为三类：崩溃、遗漏和拜占庭[3]。

(1)崩溃故障模型：错误进程在发生崩溃以后立刻停止执行。

(2)遗漏故障模型：在发送遗漏故障模型中，错误进程间歇性地不发送消息或者发生崩溃或者两者都有。在接收遗漏故障模型中，错误进程间歇性地忽略接收发送给它的消息或者发生崩溃或者两者都有。一般遗漏故障模型中，错误进程发生上述两种遗漏故障之一或者两者都有。

(3)拜占庭故障模型：错误进程可以表现出任何行为。例如，任意改变自己的状态，发送内容错误的消息或者广播时向不同进程发送不同的消息。

显然，崩溃故障的严重程度最轻，拜占庭故障最为严重。

2.1.2　共识问题

对于任何分布式应用来说，进程间都需要共同达到某种形式上的一致，否则仅能称为一组不相关的应用程序。如何达成这种一致性就是分布式计算中的基本问题——共识问题。

1. 崩溃故障模型下的共识问题

在基本共识问题中，每个进程都提议一个值，所有未崩溃的进程必须决策出一个相同的值。此外，为了使决策值有意义，它必须与进程的提议值有关。也就是说，基本共识问题满足以下性质。

(1)有效性：决策值必须是某个进程的提议值。

(2)一致性：所有进程(包括故障节点恢复后)必须决策同一个值。

(3)终止性：每个正确进程最终会在有限轮数中结束并决策一个值，算法不会无尽地执行下去。

有效性和一致性共同组成了基本共识问题的安全性。有效性将系统的输出值和输入值联系起来，一致性则体现了解决基本共识问题的困难所在。终止性指出，至少所有未发生崩溃的进程必须做出决策，这体现了基本共识问题的活跃性[4]。

上述基本共识问题要求如果崩溃进程已经做出决策，其决策值必须与正确进程相同。这类共识问题有时也被称为一致共识(uniform consensus)问题。考虑一类更弱的问题，允许崩溃进程的决策值与正确进程不同，称为非一致共识(non-uniform consensus)问题。非一致共识的有效性和终止性要求与一致共识相同，并且满足以下一致性要求。

一致性：不存在两个正确进程的决策值不同。

如果没有特意说明，下面的共识一般指一致共识。

令 $\mathcal{V}$ 表示可以被提议到共识实例的值的集合。如果 $|\mathcal{V}| = 2$，则共识是二值的，通常认为 $\mathcal{V} = \{0,1\}$。如果 $\mathcal{V} > 2$，则共识实例是多值的。

同时共识问题是基本共识问题的强化版本。在基本共识问题中，一致性仅限于决策值。同时共识问题在此基础上增加了时间限制，它满足以下性质。

(1)有效性：决策值必须是某个进程的提议值。

(2)数据一致性：所有进程必须决策同一个值。

(3)同时一致性：所有进程必须在同一轮做出决策。

(4)终止性：每个正确进程最终会在有限轮数中结束并决策一个值。

2. 遗漏故障模型下的共识问题

在遗漏故障模型中，错误进程可能不会发生崩溃。此外，错误进程不需要做出决策。为了防止歧义，使用一个默认值 $\perp$ 表示无决策值。没有崩溃的错误进程需要返回与正确进程相同的决策值 v 或默认值 $\perp$。可以发现，决策 $\perp$ 的进程都发生了遗漏故障。此时共识问题满足以下性质。

(1) 有效性：决策值必须是某个进程的提议值或⊥，且正确进程不会决策⊥。

(2) 一致性：不存在两个不同的非⊥决策值。

(3) 终止性：每个未发生崩溃的进程都有决策值。

3. 拜占庭故障模型下的共识问题

考虑到拜占庭故障的特性，无法强迫错误进程决策默认值。错误进程可以表现出任何行为，包括决策任意值，因此下面的共识规范只适用于正确进程。

拜占庭故障模型的所有共识规范都具有相同的一致性和终止性，然而它们的有效性取决于被解决的问题。这里考虑一个有意义且约束较少的有效性。

(1) 强有效性：如果所有正确进程提议了同一个值 v，它们的决策值也必须为 v。

(2) 一致性：不存在两个正确进程的决策值不同。

(3) 终止性：每个正确进程都有决策值。

2.1.3　崩溃故障下的共识

本节给出了基于轮的同步模型的 t-弹性共识和交互式一致性算法（$1 \leqslant r < n$），以及当崩溃故障发生时，解决这些问题所需要的轮数下限。

1. 崩溃故障模型下的共识

下面介绍两种面向同步崩溃故障模型的共识算法。其中，参数 n 表示系统进程数量，t 表示运行中可能崩溃的最大进程数。

首先考虑一类简单的共识算法 2.1。

算法 2.1：一个简单的 t-弹性共识算法（进程 p_i）

1：　$est_i \leftarrow v_i$;

2：　when $r = 1, 2, \cdots, t+1$ do

　　begin synchronous round

3：　　　if $(i = r)$ then broadcast EST(est_i) end if;

4：　　　if (在第 r 轮收到EST(v)) then $est_i \leftarrow v$ end if;

5：　　　if $(r = t+1)$ then return(est_i) end if;

　　end synchronous round

根据模型假设，至多有 t 个进程可能崩溃，故任意 $t+1$ 个进程中必然至少包含一个正确进程。由此断定，对于大小为 $t+1$ 的一组进程，我们总是可以依赖其中的一个进程来保证最终得到一个决策值。

算法 2.1 描述了一个简单的 t-弹性共识算法。每个进程管理一个局部变量 est_i，其中包含对决策值的估计。首先初始化 est_i（第 1 行）。随后，全部进程同步执行 $t+1$ 轮（第

2 行），每轮仅由一个进程协调，即第 r 轮由进程 p_r 协调。第 r 轮的协调者广播它当前的估计值（第 3 行）。在一轮中，如果进程 p_i 收到协调者发来的估计值，则更新自己的估计值 est_i（第 4 行）。在最后一轮结束后，进程 p_i 将当前的估计值 est_i 作为决策值。

上述算法存在一个缺点，不存在运行可能决策进程 $p_{t+1}, p_{t+2}, p_{t+3}, \cdots, p_n$ 的提议值，即算法 2.1 是不公平的。下面将介绍一个崩溃故障模型下的公平共识算法。

令一次运行的输入向量的大小为 n，其第 j 个元素为进程 p_j 的提议值。当然，没有进程能够预先知道这个向量，每个进程最初只知道自己对共识实例的提议值。算法的基本思想是进程在最后一轮根据一定的规则，在所有看到的值中选出一个决策值。考虑一种决策规则是选择最小值，并保存在局部变量 est_i 中（初始化为进程 p_i 的提议值 v_i）。

可以观察到，如果一个进程 p_i 没有发生崩溃错误且有最小的提议值，无论其他进程提议了何值，最后都会决策该最小值。因此，假设对于任何进程 p_i，都有一个输入向量，其中不存在两个进程提议相同的值，一次运行和一个故障模型，使得 p_i 的决策值在该次运行中被决策，此时算法被认为是公平的。

算法 2.2 描述了一个简单的公平的 t-弹性共识算法。全部进程执行 $t+1$ 个同步轮（第 2 行）。在每一轮中进程 p_i 广播它所收到的最小估计值，为了提高效率，当且仅当本轮估计值小于上一轮估计值时进程才需要进行广播操作（第 3 行）。随后，p_i 更新局部变量 pre_est_i，其中记录了 p_i 上一次发送的最小值（第 5 行），初始默认值为 ⊥（即不被共识算法允许的提议值）。

在第 r 轮，集合 $recval_i$ 包含本轮 p_i 接收到的估计值（第 4 行），由于系统是同步的，集合 $recval_i$ 包含所有其他进程在本轮发送给 p_i 的估计值。在进入下一轮之前，p_i 更新自己的 est_i 值（第 6 行）。如果第 r 轮是最后一轮（$r = t+1$），则 p_i 通过调用 $return(est_i)$ 来做出决策（第 7 行）。

算法 2.2：一个简单的公平的 t-弹性共识算法（进程 p_i）

operation propose(v_i):

1:   $est_i \leftarrow v_i$; $prev\_est_i \leftarrow \perp$;

2:   when $r = 1, 2, \cdots, t+1$ do

    begin synchronous round

3:      if ($est_i \neq prev\_est_i$) then broadcast EST(est_i) end if;

4:      $recval_i = \{在第 r 轮收到的值\}$;

5:      $prev\_est_i \leftarrow est_i$;

6:      $est_i \leftarrow \min\left(recval_i \bigcup \{est_i\}\right)$;

7:      if ($r = t+1$) then $return(est_i)$ end if;

    end synchronous round

2. 崩溃故障下的交互一致性

原子性崩溃：如果进程 p_i 发送的所有消息都没有被目标进程接收，则进程 p_i 在第 r 轮的崩溃是原子性的。

基于轮的完美模型：一个同步的基于轮的系统模型，其中每个进程在每一轮广播一条消息，且所有崩溃都是原子性的。根据原子性假设，每一轮中任何未终止的进程都能接收到完全相同的消息，这大大简化了分布式算法的设计。这种模型称为基于轮的完美模型。

从交互一致性到基于轮的完美模型：在许多应用中，基于轮的完美模型正是通过交互一致性(interactive consistency，IC)实现的。

假设每个进程 p_i 在每一轮中广播一条消息，定义基于轮的完美模型中的轮数为 ρ，m_i^ρ 表示 p_i 在第 ρ 轮中广播的消息。第 ρ 轮的发送和接收阶段由 IC 问题的一个实例实现，其中 m_i^ρ 是进程 p_i 向该 IC 实例提议的值。根据 IC 规范，如果 p_i 在 IC 实例结束时没有崩溃，那么终止该 IC 实例的所有进程都获得完全相同的向量 $D[1\cdots n]$。

算法 2.3 描述了一个交互一致性算法，其中基于轮的完美模型的每一轮都可以由基于轮的基本模型的 $t+1$ 轮实现。与算法 2.2 类似，每一轮中进程都广播它在上一轮学习到的内容。

算法 2.3：一个 t-弹性交互一致性算法(进程 p_i)

---

operation propose(v_i)：

1:   $\text{view}_i \leftarrow [\perp, \cdots, \perp]$; $\text{view}_i[i] \leftarrow v_i$; $\text{new}_i \leftarrow \{(i, v_i)\}$;

2:   when $r = 1, 2, \cdots, t+1$ do

    begin synchronous round

3:     if $(\text{new}_i \neq \varnothing)$ then broadcast EST(new_i) end if;

4:     for 每个j满足$(j \neq i)$ do

5:       if (从p_j收到new_j) then $\text{recfrom}_i[j] \leftarrow \text{new}_j$ else $\text{recfrom}_i[j] \leftarrow \varnothing$ end if;

6:     end for;

7:     $\text{new}_i \leftarrow \varnothing$;

8:     for 每个j满足$(j \neq i) \wedge (\text{recfrom}_i[j] \neq \varnothing)$ do

9:       for 每个$(k, v) \in \text{recfrom}_i[j]$ do

10:         if $(\text{view}_i[k] = \perp)$ then $\text{view}_i[k] \leftarrow v$; $\text{new}_i \leftarrow \text{new}_i \bigcup \{(k, v)\}$ end if;

11:       end for;

12:     end for;

13:     if$(r = t+1)$ then return(view_i) end if;

    end synchronous round

给定一个进程 p_i，局部变量 $view_i$ 表示其对其他进程的提议值的当前知识，更准确地说，$view_i[k]=v$ 表示 p_i 知道 p_k 的提议值 v，而 $view_i[k]=\perp$ 表示 p_i 不知道 p_k 的提议值。最初，$view_i$ 的第 i 个元素为 v_i，其余元素均为默认值 $\perp$（第 1 行）。

为了确保一个进程的值仅被转发一次，算法 2.3 使用 (k,v) 对，表示 p_k 已提议 v。局部变量 new_i 是（可能为空）这类 (k,v) 对的集合。在第 r 轮开始时，new_i 包含 p_i 在本轮中学习到的新 (k,v) 对（第 10 行）。因此，初始 $new_i = \{(i,v_i)\}$（第 1 行）。

发送阶段：进程 p_i 的行为很简单。当它开始新的一轮时，如果 $new_i \neq \varnothing$，p_i 则广播 $EST(new_i)$ 以告知其他进程它在上一轮中学习的 (k,v) 对（第 3 行）。

接收阶段（第 4～6 行）：p_i 接收第 r 轮的消息并将值保存在本地数组 recfrom$[1\cdots n]$ 中。值得注意的是，进程在某些轮中可能没有收到消息。

本地计算阶段（第 7～13 行）：重新设置 new_i 后，p_i 根据收到的 (k,v) 对来更新数组 $view_i$。此外，如果它在当前轮中学习了一个 (k,v) 对（即首次收到这个 (k,v) 对），则将其添加到 new_i 中。最后，如果 r 是最后一轮，p_i 返回 $view_i$ 作为其决策向量。

3. 轮数的下限

本节说明当考虑基于轮的同步模型时，任何容忍 t 个崩溃进程的共识算法都至少需要 $t+1$ 轮。这意味着不存在一种算法总是能在最多 t 轮中解决共识问题。

因为任何解决交互一致性问题的算法都可以用来解决共识问题，所以 $t+1$ 也是交互一致性问题的轮数下限。此外，本节给出的共识和交互一致性算法不会指导进程执行超过 $t+1$ 轮，说明它们在轮数上是最优的[5]。

2.1.4 拜占庭故障下的共识

本节讨论在进程可能发生拜占庭故障的系统中的交互一致性和共识问题。首先介绍一种适用于 $n=4$ 个进程的简单的交互一致性算法，其中可能有一个进程发生拜占庭故障。然后阐述 $n>3t$ 是在基于轮的同步模型中解决共识（或交互一致性）问题时最大错误进程数的上限。

1. 当 $n=4$，$t=1$ 时的交互一致性

首先提出一个简单的算法 2.4，它解决了 $n=4$ 个进程中的交互一致性问题，其中一个进程（$t=1$）可能是拜占庭进程。

在拜占庭交互一致性问题中，每个进程都提议一个值并且正确的进程必须协商相同的向量 $D[1\cdots n]$，如果 p_i 是一个正确的进程，则 $D[i]=v_i$。

令 4 个进程分别为 p_1、p_2、p_3、p_4，每一个正确的进程 p_i 的目的是计算一个局部向量 $view_i[1\cdots 4]$，满足 $view_i[1\cdots 4]=D[1\cdots 4]$。与前面的算法相同，$\perp$ 是进程不能提议的默认值。

局部变量：为此，每个进程 p_i 维护两个局部数组。

（1）$rec1_i[1\cdots4]$ 是一个一维数组，$rec1_i[j]$ 一定会包含 p_i 知道的 p_j 的提议值。如果 p_i 不知道，则有 $rec1_i[j]=\bot$；否则，$rec1_i[j]=v$ 意味着 p_j 告诉 p_i 它的提议值为 v。

（2）$rec2_i[1\cdots4,1\cdots4]$ 是一个二维数组，$rec2_i[x,j]=v$ 意味着 p_x 告诉 p_i，进程 p_j 的提议值为 v。

算法 2.4：4 个进程的交互一致性（1 个拜占庭进程）

---

operation propose(v_i)：

1:　when $r=1$ do

　　begin synchronous round

2:　　　broadcast EST1(v_i)；

3:　　　for 每个 $j\in\{1,2,3,4\}$ do

4:　　　　　if（从 p_j 收到值 v）then $rec1_i[j]\leftarrow v$ else $rec1_i[j]\leftarrow\bot$ end if；

5:　　　end for；

　　end synchronous round

6:　when $r=2$ do

　　begin synchronous round

7:　　　broadcast EST1(v_i)；

8:　　　for 每个 $j\in\{1,2,3,4\}$ do

9:　　　　　if（从 p_j 收到数组 $rec1_j$）then $rec2_i[j]\leftarrow rec1_j$ else $rec2_i[j]\leftarrow\{\bot,\bot,\bot,\bot\}$ end if；

10:　　　end for；

11:　　　for 每个 $j\in\{1,2,3,4\}$ do

12:　　　　　令 a,b,c 为 $rec2_i[x,j](x\neq j)$ 中的 3 个值；

13:　　　　　if（a,b,c 中的最大值为 v）then $view_i[j]\leftarrow v$ else $view_j[1]\leftarrow\bot$ end if；

14:　　　end for；

15:　　　return($view_i$)；

　　end synchronous round

正确进程的行为：如算法 2.4 所示，每个进程 p_i 执行两轮。在第 1 轮中，p_i 首先广播它的提议值（第 2 行）。然后，如果它从进程 p_j 收到值 v，就更新 $rec1_i[j]=v$；否则，指定 $rec1_i[j]=\bot$。

在第 2 轮中，每个进程 p_i 广播在第 1 轮中学习到的内容（第 7 行）。然后，如果它从 p_j 接收到向量 $rec1_i$，则更新 $rec2_i[j]$（即二维数组 $rec2_i[1\cdots4,1\cdots4]$ 的第 j 行）；否则，指定 $rec2_i[j]$ 为默认值 $[\bot,\bot,\bot,\bot]$（第 9 行）。最后，根据数组 $rec2_i$ 中的值，p_i 计算向量 $view_i$ 的值作为本地输出返回。

$view_i$ 的值的计算方法如下。令 $\{x_1, x_2, x_3\} = \{1, 2, 3, 4\} \setminus \{j\}$，$rec2_i[x_1, j] = a$，$rec2_i[x_2, j] = b$，$rec2_i[x_3, j] = c$。例如，$rec2_i[x_1, j] = a$ 表示 a 为 p_j 在第 1 轮发送给 p_{x1}，并且在第 2 轮由 p_{x1} 发送给 p_i 的值。如果 p_{x1} 在第 1 轮没有接收值，并且在第 2 轮没有发送值，则 $a = \bot$，如果 a、b、c 中至少有两个等于 v，p_i 就赋值 $view_i[j] = v$，否则赋默认值 $\bot$。

可以看到，如果 p_j 是正确的进程，那么 v 就是它提议的值；相反地，如果 $view_i[j] = \bot$，那么 p_i 就是错误的。当有 $view_i[j] = v$ 时，p_j 也可能是错误的(此时可能是错误进程 p_j 向某个进程发送 v，向其他进程发送 v')。

2. 拜占庭进程数的上限

一个拜占庭故障模型的基本结果是，在一个由 n 个进程组成且最多有 $t \left(t \geq \dfrac{n}{3} \right)$ 个拜占庭进程的同步系统中，不可能解决交互一致性问题和共识问题。表 2.1 比较了崩溃故障模型、遗漏故障模型和拜占庭故障模型分别能够容忍错误进程数的上限。

表 2.1　故障进程数上限

故障模型	上限
崩溃故障	$t < n$
发送遗漏故障	$t < n$
一般遗漏故障	$t < \dfrac{n}{2}$
拜占庭故障	$t < \dfrac{n}{3}$

下面介绍两个解决拜占庭共识问题的算法。第一个算法关于 t (即 $t < \dfrac{n}{3}$) 的值和轮数 (即 $t + 1$) 最优，但其所需的消息数量随 t 呈指数增长。第二个算法使用固定长度的消息，但是仅满足 $t < \dfrac{n}{4}$ 并且需要 $2(t + 1)$ 轮。

3. 当 $n > 3t$ 时的拜占庭交互一致性算法

下面给出一种通用的交互一致性算法 2.5，该算法满足两个边界，即拜占庭进程数上限 $\left(t < \dfrac{n}{3} \right)$ 和轮数的下限 $(r + 1)$。不同的是，由于它使用的消息数量为指数级 $O(n^t)$，因此从消息的角度来看，该算法并不有效。

为了简化表示且不失一般性，认为只有一个进程 p_j 有提议值，并且其他进程必须认同这个值，这意味着我们只需要关注每一个正确进程 p_i 的变量 $view_i[j]$，在算法 2.5 的最后，每一对正确进程 p_i 与 p_k 对应的局部变量 $view_i[j]$ 和 $view_k[j]$ 必须相等且等于 v_j (即 p_j 的提议值)，这说明 p_j 是正确的。

算法 2.5：一个拜占庭将军问题算法

operation byz general(n,t)在本地计算一个值：

1: 令BG_inst表示对应的拜占庭实例；

2: BG_inst中的将军向其他进程广播自己的值；

3: if$(t = 0)$

　　then if(已经从BG_inst中的将军收到过值v)

4: 　　　　then returns(v) else returns$(\perp)$

5: 　　end if；

6: 　else for BG_inst中的每个进程p_i do

7: 　　　　if(从BG_inst中的将军收到值v)

8: 　　　　　then $v_i \leftarrow v$ else $v_i \leftarrow \perp$

9: 　　　　end if；

10: 　　　p_i作为 BG_inst 的子实例的$(n-1, t-1)$拜占庭将军算法中的将军，

　　　　　并向其他$n-2$个副官广播v_i

11: 　　end for；

12: 　　for BG_inst中的每个进程p_i do

13: 　　　for BG_inst中的每个进程$p_j \neq p_i$ do

14: 　　　　if(p_i在第10行的当前BG_inst子实例（p_j为将军）中收到值v)

15: 　　　　　then $w_j \leftarrow v$ else $w_j \leftarrow \perp$

16: 　　　　end if；

17: 　　　end for；

18: 　　　return(majority(第15行得到的值w))

19: 　　end for；

20: end if；

拜占庭将军问题：前面的问题实际上是在进程间协商预定进程的提议值，这就是拜占庭将军(byzantine generals，BG)问题(提议值的进程就是将军，而其他进程就是副官)。

令 BG(n, t, j)为拜占庭问题，其中 j 为将军进程的标识。每个进程都复用 n 个 BG 实例，从而提供一种解决交互一致性问题的方法，相应地也可用于解决共识问题。

择多函数：算法 2.5 使用函数 majority$(a, b, \cdots, h)$，定义如下：如果有一个值 v 在 $a, b, \cdots, h$ 中出现的次数超过了一半，则函数返回它，否则返回 $\perp$。

下面将展示算法 2.5 的一个实例。

设想一对 $(n, t) = (7, 2)$，这意味着这里有 7 个进程 $p_1, \cdots, p_7$，并且最多有两个进

程表现拜占庭行为。令 p_3 是提议值的进程（p_3 是将军，其他 6 个进程是副官），因此问题变成了 BG(7,2,3)。

为了对 p_3 的提议值达成一致，进程执行 $t+1=3$ 轮，执行图 2.2 所示的操作。

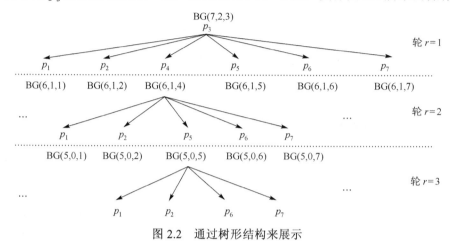

图 2.2　通过树形结构来展示

第一轮，p_3 向其他进程广播提议值，目的是后面让其他 6 个进程达成统一的值，即 p_3 的提议值。

第二轮，除去 p_3 之外的每一个进程都作为一个单独的拜占庭子问题的将军，这时最多有 $t-1=1$ 个进程可能出现错误，因此此时有 6 个子问题需要解决，即 BG(6,1,1)，BG(6,1,2)，BG(6,1,4)，BG(6,1,5)，BG(6,1,6)，BG(6,1,7)。

令 $X=\{1,2,4,5,6,7\}$，$x\in X$。解决问题 BG(6,1,x) 将给每个进程 p_y，$y\in X$，提供一个值 v_x，代表相关的将军进程 p_x 在实例中的提议值（如果 p_x 是正确的，这个值就是 p_x 第 1 轮从 p_3 接收的值。如果它第 1 轮没有收到值，则默认值为 ⊥）。

当 6 个子问题被解决（见下一轮）后，每个进程 p_y，$y\in X$，将能够计算分配给 $\text{view}_y[3]$ 的值，令 v_y^x 等于 p_y 从 BG(6,1,x)，$x\in X$ 得到的值，p_y 给 $\text{view}_y[3]$ 分配值 $\text{majority}(v_y^1,v_y^2,v_y^4,v_y^5,v_y^6,v_y^7)$，这是 p_y 认为 p_3 提议的值。对于每一对正确的进程 p_y 和 p_z，$\text{majority}(v_y^1,v_y^2,v_y^4,v_y^5,v_y^6,v_y^7)=\text{majority}(v_z^1,v_z^2,v_z^4,v_z^5,v_z^6,v_z^7)$。此外，如果 p_3 是正确的，这就是它的提议值。

第 $r=t+1=3$ 轮，对于任意 $x\in X$，令 $X_x=X\setminus\{3,x\}$。在这一轮中，每个子问题实例创建了 $n-2=5$ 个子问题，这意味着共有 $6\times5=30$ 个问题实例（见图 2.2 的第 3 轮）。

在每一个子问题 BG(5,0,x')，$x'\in X_x$ 中，进程 $p_{x'}$ 作为将军，其他 4 个进程作为副官。由于当前轮是最后一轮，每个副官都认为 $p_{x'}$ 在 BG(5,0,x') 实例广播的值是自己在当前实例中从 $p_{x'}$ 收到的值（或者没有接收值则为 ⊥），观察图 2.2，假设 p_5 是正确的，这说明 p_1、p_2、p_6 和 p_7 中的正确进程认为从 p_5 接收的值 w_5 就是在对应 BG(5,0,5) 实例中广播的值。

更一般地，考虑 5 个由 BG(6,1,4) 实例中的进程创造的实例(树的第 2 层)。这些进程像第 2 轮一样也使用 majority 函数使广播值达成一致。类似地，这个值之后用来计算进程认为 p_3 最初提出的值。

消息数量：考虑上述例子，很容易看到有 6 条消息在第 1 轮被发送，第 2 轮有 $6 \times 5 = 30$ 条消息，第 3 轮有 $6 \times 5 \times 4 = 120$ 条消息。这个数目随着 t 呈指数增长。

标识消息：如图 2.2 所示，每一个实例 BG(m,u,w) 都可以被唯一标识为它所属的树的路径。与实例 BG(6,1,4) 相关的消息可以被明确地加上进程标识序列前缀 $\langle 3,4 \rangle$。相似地，与实例 BG(5,0,5) 相关的消息可以加上前缀 $\langle 3,4,5 \rangle$。明显地，没有两个实例有相同的前缀，所以在进程接收消息的轮次中可以很简单地识别出消息属于哪个实例。

此外，在第 r 轮收到的消息前缀长度就是 r。因此，如果在某一轮中一个进程接收的消息前缀长度不是 r，这就说明发送方是错误的，将 ⊥ 作为接收值。进程还可以丢弃包含多个相同进程标识的消息。

下面介绍算法 2.5 的递归描述。

假设底层网络是可靠的(拜占庭进程不能访问)，并且进程知道消息的发送者(点到点通信)。拜占庭进程会发送错误的消息或者不发送消息，但由于基于轮的模型的同步假说，可以检测到消息的缺失。这时，接收方将 ⊥ 作为接收值。

递归描述：算法 2.5 基于一种采取简洁清晰的全局递归描述。

最初(第 1 轮)，每个进程调用 byz general(n,t)，其中一个进程是与 BG 实例相关的将军进程。在执行完 byz general(n,t) 后，每个参与进程会获得一个值，被视为将军提议的值。

让我们考虑一个消息，包含值 v 和前缀 $\langle i_1, i_2, \cdots, i_r \rangle$，在第 r 轮到达进程 p_i。其中，前缀 $\langle i_1, i_2, \cdots, i_r \rangle$ 表示值 v 在进程间的传递顺序。

每一次递归调用对应新的一轮，共有 $r+1$ 轮。就像前面看到的，在 $r > 1$ 的每一轮中，一个进程参与了多个 BG 实例。更精确地说，byz general(n,t) 调用 $n-1$ 个 byz general($n-1,t-1$) 的独立并行执行，每个执行都与一个涉及 $n-1$ 个进程的 BG 问题的一个具体实例相关联。同样地，byz general($n-1,t-1$) 调用 $n-2$ 个 byz general($n-2,t-2$) 的独立并行执行，以此类推。

随着递归的展开，每一次 byz general($n-k,t-k$) 调用都需要向 $n-(k+1)$ 个进程发送消息，这些进程与对应的将军进程位于同一个 BG 实例。byz general($n-k,t-k$) 在第 $r=k+1$ 轮有 $(n-1)(n-2)\cdots(n-k)$ 个同步执行，这使得该轮中发送的消息上升到 $(n-1)(n-2)\cdots(n-(k+1))$ 条。

下面测量算法 2.5 的复杂度。

时间复杂度：就时间复杂度而言，算法 2.5 在第 $r+1$ 轮结束，由于存在同步假设，进程可以杜绝以下两种情况的阻塞：①某个进程已经崩溃，无法在当前 BG 实例发送消息。②某个本应在当前 BG 实例发送消息的进程没有发送消息。

消息大小：来自正确进程的消息最多包含 $t+1$ 个进程标识（每轮添加一个新标识）。

消息数量：就消息复杂度而言，每一次调用 byz general$(n-k, t-k)$ 生成 $n-(k+1)$ 个消息（来自正确进程），类似调用总共有 $(n-1)(n-2)\cdots(n-t)$ 次，因此消息总数为 $(n-1)+(n-1)(n-2)+\cdots+[(n-1)(n-2)\cdots(n-(t+1))]$。因此，消息总数 $O(n^t)$ 随着能够表现拜占庭行为的进程数增加呈指数增长。

本地内存： byz general(n, t) 返回的值依赖于 $n-1$ 次 byz general$(n-1, t-1)$ 的调用，以此类推直到最后。由于所有中间值对于计算 byz general(n, t) 的返回值都是必要的，因此每个进程的本地内存需求是 $O(n^t)$。

4. 消息大小恒定的简单共识算法

前面的算法 2.5 满足了在拜占庭同步系统中与一致性相关的两个边界，即故障进程数目的上限 $\left(t < \dfrac{n}{3}\right)$ 和轮次数目的下限 $(t+1)$。但是，除了复杂的设计，还需要交换故障进程指数级数量 $O(n^t)$ 的消息。

下面提出一种简单的共识算法 2.6。在该算法中进程交换线性数量的消息（与 t 相关），每个消息的大小恒定（携带一个简单的提议值）。算法要求 $n > 4t$，经过 $2(t+1)$ 轮后决策。

关于共识的有效性。算法 2.6 保证当所有正确的进程都提议一个相同的值时，该值则被决策（弱有效性）[6]。

算法 2.6：拜占庭共识（进程 p_i，$t < n/4$）

operation propose(v_i)：

1: est$_i \leftarrow v_i$;
2: when $r = 1, 3, \cdots, 2t-1, 2t+1$ do
   begin synchronous round
3:     broadcast EST1(est$_i$);
4:     rec$_i$ = 第 r 轮收到的多集;
5:     most_freq$_i \leftarrow$ rec$_i$ 中出现最频繁的值;
6:     occ_nb$_i \leftarrow$ most_freq$_i$ 的出现次数;
   end synchronous round
7: when $r = 2, 4, \cdots, 2t, 2(t+1)$ do

begin synchronous round

8:　　　if($i = r / 2$)then broadcast EST2(most_freq$_i$)end if;

9:　　　if(从$p_{r/2}$收到值v)then coord_val$_i$ ← v else coord_val$_i$ ← v_i end if;

10:　　　if(occ_nb$_i > n / 2 + t$)then est$_i$ ← most_freq$_i$ else est$_i$ ← coord_val$_i$ end if;

11:　　　if($r = 2(t + 1)$)then return(est$_i$)end if;

end synchronous round

　　轮换协调者范式和基本原则：算法 2.6 基于轮换协调者(rotating coordinator)范式，该范式被证明在分布式算法的设计中是一种有价值的范式。这意味着某些轮在一些进程的控制下，由单个进程进行协调。协调给定轮 r 的进程特性是由 r 的值预先确定的。

　　算法 2.6 中每个进程维护着决策值的当前估计值(est$_i$)。为了保证共识有效性，它基于以下原则：如果当前估计值的出现次数超过某一阈值，则该值为决策值；否则，协调者范式将会强迫足够的进程采用估计值，从而使其出现次数超过某个阈值，达到前面要求。

　　实现原则：为了实现上述原则，算法 2.6 采用了一系列阶段，每阶段由两轮组成，每一轮都与之前的原则有关。在每一阶段中，进程 p_i 计算决策值的新估计值(保存在局部变量 est$_i$ 中，并且初始化为它的提议值 v_i)。这些阶段的目的是确保一个值出现足够次数来超过阈值。更准确地说：

　　(1)阶段 k 的第 1 轮 ($r = 2k - 1$) 是估计值决策。进程交换它们当前的估计值 est$_i$，然后每个进程确定一个最常见到的值并将其保存在 most_freq$_i$(如果几个值都是最常见的，则确定性地选择一个保存)。

　　(2)阶段 k 的第 2 轮 ($r = 2k$) 是估计值采用。就像前面说的，对于每个进程，如果估计值的出现次数超过了阈值，就采用其作为新的估计。另一种情况就由协调者范式解决：在第 $r = 2k$ 轮，进程 p_k 作为协调者，将自己的 most_freq$_i$ 值广播给所有进程(将其保存为 coord_val$_i$)，以便它们在不能使用自己的 most_freq$_i$ 时采用。

　　阈值要求必须在最多 t 个拜占庭进程干扰下保证共识的一致性，此处令阈值等于 $\frac{n}{2} + t$。可以注意到

$$(n > 4t) \Leftrightarrow (2n > n + 4t) \Leftrightarrow \left(n > \frac{n}{2} + 2t\right) \Leftrightarrow \left(n - t > \frac{n}{2} + t\right)$$

　　算法 2.6 使用了 rec$_i$ 表示的多集。它是一个相同的值可以多次出现的集合。例如，$\{a, b, a, c\}$ 就是一个多集，其中 a 出现两次而 b、c 只出现了一次。

　　算法 2.6 的一个值得注意的特征是简单性，同时每个消息都有固定大小(等于提议值编码后所需的比特)。该算法一共需要 $2(t + 1)$ 轮和 $(t + 1)[n(n - 1) + (n - 1)] = (t + 1)(n^2 - 1)$ 个消息(假设进程发送给自己的消息已经被保存)。

2.2　分布式异步系统共识

本节将介绍异步模型中的分布式系统共识。由于节点不知道网络的传输延迟以及不清楚其他节点的行为，在异步情况下达成共识是一项非常难的任务，因此需要一个强而有效的共识算法来达成共识。

2.2.1　共识问题

在许多分布式计算应用中，进程必须对应用(或其适当部分)的状态达成一致。共识可以用来帮助解决这个问题。每一个进程 p_i 首先计算系统状态的本地视图。这个视图可以从与其他进程交换的消息中获得(例如，在 $AS_{n,t}[\varnothing]$ 中，一个进程可以等待来自 $n-t$ 个进程的消息而不被永久阻塞)。一旦计算完成，系统状态的本地视图就变为它向共识实例提议的值。然后，由于共识性质，所有的活动进程都采用相同的视图。通过这个方式，所有这些进程都可以从相同的视图继续计算下去。这个视图是一致的，因为它不是任意的(它由一个进程计算出来，并且与过去的计算有关)，没有两个进程可以继续使用不同的视图(如果它们对该视图采用相同的确定性函数，它们将得到相同的结果)。

在 $AS_{n,t}[\varnothing]$ 中不能解决共识问题，解决这个问题需要一个比 $AS_{n,t}[\varnothing]$ 更强的分布式系统模型。这就是著名的 FLP 不可能结果。

解决某些分布式计算问题的不可能性来自异步和失败效应所产生的不确定性。这种不确定性使得系统无法区分崩溃的进程、运行缓慢的进程与通信缓慢的进程。

让我们考虑一个进程 p 在等待另外一个进程 q 的消息的场景。在 $AS_{n,t}[\varnothing]$ 系统模型中，进程 p 主要需要解决的问题是停止等待来自 q 的消息还是继续等待。基本上，在进程 q 活动的情况下允许 p 停止等待会违反问题的安全性，而如果 q 在发送所需消息之前崩溃，强制 p 继续等待可能会导致问题的生存性无法被满足。

随后考虑一个包含 p_i 和 p_j 两个进程的同步系统。同步意味着传输延迟有上限(假设 Δ 是相应的上限)，并且进程的速度有上下限。为了简化且不失一般性，可以认为处理时间相对于传输时间可以忽略不计，因此等于 0。

在这种同步的背景中，考虑这样一个问题 P。每个进程都有一个初始值(分别为 v_i 和 v_j)，同时它们都必须计算一个结果。如果没有进程崩溃，结果是 $f(v_i, v_j)$。如果 p_j(或 p_i)崩溃，那么结果是 $f(v_i, v_j)$ 或者 $f(v_i, \bot)$(或 $f(\bot, v_i)$)。

每个进程都发送自己的值并且等待另外一个进程的值。当它收到另外一个值时，如果尚未完成，进程将发送自己的值。为了避免永远等待，进程 p_i 将使用一个定时器，如图 2.3 所示。它在发送自己的值时将定时器设置为 2Δ。如果没有收到 p_j 的值，并且定时器超时，p_i 会断定 p_j 在发送值之前崩溃，从而返回 $f(v_i,\bot)$。在另一情况下，它收到值并且返回 $f(v_i,v_j)$。

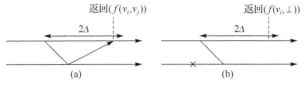

图 2.3 除去不确定性的同步

左边的执行是无错误的，同时 p_j 最晚发送自己的值，也就是当它收到了 p_i 的值 v_i 后。在这种情况下，p_i 返回 $f(v_i,v_j)$（定时器没超时）。但是右边的执行不同，p_j 在发送它自己的值之前崩溃了，导致 p_i 在定时器超时后返回 $f(v_i,\bot)$。如果 p_j 在崩溃之前把自己的值发送出去，那么 p_i 会收到这个值，因此会返回 $f(v_i,v_j)$。这种 p_j 状态的不确定性由超时值控制。由于 p_i 不能提前知道 p_j 崩溃与否，所以超时值被保守地设置。

当处理时间等于 0 时，传输时间是有限的但是却是任意的。因此，就消息而言，系统是异步的。一个进程可以采用本地时钟和往返延迟的估计值策略，但是无论这个值是多少，都不能保证该估计值是当前执行往返延迟的上限。否则，系统将会是同步的。

使用这种估计，可能会发生下面几种状况。在当前的执行中，估计可能是准确的估计，在这种情况下，进程使用的同步假设是正确的，如图 2.4 所示。

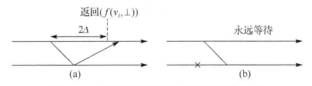

图 2.4 在异步和失败的情况下等待与否

不幸的是，正如上面所述，不能保证流程中所使用的估计值是正确的估计，无论它的值是多少。图 2.4(a) 描述了这一点，在定时器到期后它返回了 $f(v_i,\bot)$，但是实际上应该是 $f(v_i,v_j)$。在这种情况下，不正确的估计可能会破坏问题的安全性。因此，定时器不能被安全地使用。但是如果 p_i 不使用定时器，若 p_j 在发送它的值之前崩溃，如图 2.4(b) 所示，它将会永远等待，这违反了问题的生存性。

这个简单的例子表明，当必须在异步系统中解决问题 P 时，不可能同时保证问题 P 的安全性和生存性。

在异步的分布式系统中实现共识是一项看起来无法完成的任务，因为你无法准确地估计传输延迟，因此将会产生很多问题并导致进程间消息交互的失败，从而使得进程返回错误的计算值。在这种情况下，不能保证每个进程都能对应用的状态达到共识。同时这也表明了，在异步的分布式系统中，安全性和生存性不能同时获得，如果需要解决这个问题，就要一种更加健壮的分布式系统。

2.2.2 带故障检测器的共识

本节给出一些简单的算法以解决 $AS_{n,t}[P]$ 中的共识问题，其中 P 是完美故障检测器的类。该类 P 的任何故障检测器[7]都为每个进程 p_i 提供一个集合 suspected$_i$：最终包含所有崩溃进程(完整性)，并且在进程崩溃之前不会包含强精确性。

算法 2.7 在 $AS_{n,t}[P]$ 中构造了一个共识对象，其中 v_i 是进程 p_i 的提议值。这个算法是基于协调者的：进程在连续的异步循环中进行，每轮由一个进程协调。更确切地说：

(1)每个进程 p_i 在决策结尾执行 $t+1$ 轮异步循环(如果没有崩溃的话)。由于轮是异步的，每个 p_i 必须管理局部变量 r_i 来记录当前的轮数。异步使得没有任何东西可以阻止两个进程同时在同一时间处于不同的回合中。

(2)每个进程 p_i 管理一个局部变量 est$_i$，它包含其对决策值的当前估计。因此，est$_i$ 被初始化为其提议的值，即 v_i。每一轮静态分配一个协调者，第 r 轮通过进程 p_r 来协调。这意味着，在这一轮中，p_r 试图将其当前估计值作为决策值。为此，p_r 广播消息 $EST(est_i)$。

如果进程 p_r 在第 r 轮期间接收到 $EST(est)$，它将其对决策值的估计 est$_i$ 更新为已接收的估计值 est，然后进入下一轮。如果它不信任 p_r，则直接进入下一轮。

值得注意的是，一条消息不包括它的发送轮数。

算法 2.7： $AS_{n,t}[P]$ 中基于协调者的共识算法(进程 p_i)

---

operation propose(v_i):

1:　　est$_i$ ← v_i; r_i ← −1;

2:　　while $r_i \leqslant t+1$ do

　　　　begin asynchronous round

3:　　　　if($r_i = i$)then broadcast $EST(est_i)$ end if;

4:　　　　等待直到((从Pr_i收到$EST(est) \vee (r_i \in$ suspected$_i$))

5:　　　　if(从Pr_i收到$EST(est)$)then est$_i$ ← est end if;

6:　　　　r_i ← r_i +1

　　　　end asynchronous round

7:　　end while;

8:　　return(est$_i$)

　　end synchronous round

开销：很容易看出算法 2.7 需要 $t+1$ 异步轮。此外，在每一轮中，最多一个进

程广播一个大小与算法无关的消息。因此，在最坏的情况下（没有崩溃），总共发送 $n(t+1)$ 消息（考虑到进程向自身发送消息）。设 $|v|$ 为建议值的比特大小，基于 P 的一致性算法的比特通信复杂度为 $n(t+1)|v|$。

P 不是解决共识的最弱故障检测器类：考虑由以下属性定义的故障检测器类。

完整性：每一个集合 suspected$_i$ 最终包含所有错误的过程（同 P 一样）。

弱精确性：一些正确的过程从未被怀疑。

一方面，P 和 S 具有相同的完整性，此属性用于防止使用 P 和 S 的进程等待来自崩溃进程的消息而永远阻塞。另一方面，S 的精确性比 P 的精确性弱。P 的故障检测器在进程崩溃之前从不怀疑它，而 S 中的故障检测器不仅可能在故障进程崩溃前就怀疑它，而且还可能（间歇地或永远地）怀疑除了一个非故障进程以外的所有进程。因此，不可能在 AS$_{n,t}[S]$ 中建立类 P 的故障检测器。类 P 严格强于类 S。

在算法 2.7 中，当每个进程需要执行 n 轮（而不是 $t+1$）时，由于 S 的精确性以及 $t=n-1$ 的事实，$t+1=n$ 个协调器之一必然是一个从未被怀疑的非错误过程，因此能够解决 AS$_{n,t}[S]$ 中的共识问题。

S 严格地弱于 P，可以观察到，S 中正确的进程总是被怀疑，故 S 严格地弱于 P。因此，P 不是最弱的一类故障检测器[8]。

进程的公平性：在算法 2.7 中，只有进程 $p_1 \cdots p_{t+1}$ 是轮换协调者，因此，决策值只能是它们的提议值之一。进程 $p_{t+2} \sim p_n$ 的提议值不会被决策，除非恰好与协调者的提议值相同。从这个意义上讲，对于这一组进程，算法结构是不公平的。公平性保证决策值与提议它的进程之间的独立性。虽然这个属性不属于共识定义，但一些应用可以从中受益。

为了确保公平性而洗牌输入：确保公平性的简单方法包括在 while 循环之前添加一个预备通信轮。在洗牌过程中，每个进程将其值发送到 $t+1$ 个静态定义的协调者，并且协调者采用首次接收到的值（无论发送者是谁）。算法 2.8 给出了预备轮的代码。

算法 2.8：预备轮算法

```
1:    broadcast SHUFFLE(est_i);
2:    if i ∈ {1···t+1} then
3:        wait (SHUFFLE(est) from any process p_j);
4:        est_i ← est;
5:    end if;
End
```

很容易看出，这种对提议值的洗牌可以分配任意提议值给任何协调者。从操作的角度来看，重新分配的结果取决于故障模式和异步模式。这样得到的算法是公平且简单的，但是需要 $t+2$ 轮。

2.2.3　随机化共识

在一个随机计算模型中，除了确定性的陈述，进程可以基于一些概率分布做随机选择。在本书中，$AS_{n,t}[\varnothing]$ 系统模型(至多 t 个进程崩溃的异步系统)充满了适当的随机预言。讨论以下两种预言。

随机异步模型 $AS_{n,t}[R]$：这个模型的特点是每个进程都能使用随机数生成器。这种预言(用字母 R 表示)是由一个 random() 函数定义的，这个函数会给调用它的进程等概率地返回 0 或 1 值。

值得注意的是，与进程绑定的随机数生成器完全是本地的，也就是说，各个随机数生成器是相互独立的。

随机异步模型 $AS_{n,t}[CC]$：在这个模型中，各个进程有权限访问一个称为公共硬币的预言。这种预言可以看作一个全局的实体，它会给进程发送相同的随机二进制序列 $b_1, b_2, \cdots, b_r, \cdots$，序列的每一位都会以相同的概率出现 0 或 1。

更确切地说，这个预言给各个进程提供了一个简单的 random() 函数，这个函数每次在被进程调用时会给进程返回一个随机的比特数。公共硬币输出的随机比特序列满足以下全局性质：任意一个进程 p_i 执行对函数 random() 的第 r 次调用时都会得到一个比特值 b_r。这意味着任意进程对函数 random() 进行第 r 次调用时都会得到一个相同的比特值，而与调用的时间无关，因此称为公共硬币。

公共硬币可以通过给进程提供相同的伪随机数生成算法和相同的初始化种子来实现。

1. 随机化共识

共识问题的终止性规定，所有非错误进程做出决策的时间是有限的[9]。在一个随机系统中，这个性质只能在一定概率上得以保证。更精确地，在共识加入了 R-终止性质后，随机化共识由相同的正确性、完整性和一致性共同定义。其中，R-终止定义如下。

R-终止：每一个非错误进程做出决定的概率为 1。

当使用基于轮的算法时，R-终止性质可以通过式 (2.1) 重新定义：

$$\forall i : p_i \in \text{Correct}(F) : \lim_{r \to +\infty} (\text{Proba}[p_i \text{ decides by round } r]) = 1 \tag{2.1}$$

正如第 2.1 节所提到的，解决共识问题意味着解决异步和故障引起的不确定性。故障探测器是一种使这种不确定性得以最终解决的预言。随机数也可以看成一种预言，这种预言使解决不确定性引发的问题成为可能。

2. $AS_{n,t}\left[t < \dfrac{n}{2}, R \right]$ 中的二进制共识

首先介绍一种在异步系统下的随机化二进制共识算法 2.9。在这个系统中，每个

进程有一个本地的随机比特数生成器，并且大部分进程都是正确的。

所有进程都运行在异步轮中，每轮由两个阶段构成。在第一个阶段，每个进程都广播自己当前的估计值（保存在局部变量 $est1_i$ 中）。如果进程 p_i 收到了来自多于 $\frac{n}{2}$ 个进程的相同的估计值，它就会接受这个值并保存在变量 $est2_i$ 中；否则，它会将变量 $est2_i$ 的值设置为 $\perp$。可以很容易地得到，在第 r 轮的第一个阶段结束时，满足准一致性 $((est2_i[r] \neq \perp) \wedge (est2_j[r] \neq \perp)) \Rightarrow (est2_i[r] = est2_j[r] = v)$。因此，第二个阶段使用到的集合 rec_i 只能等于 $\{v\}$、$\{v,\perp\}$ 或者 $\{\perp\}$。当集合 $rec_i = \{\perp\}$ 时，进程 p_i 会给变量 $est1_i$ 分配一个随机的比特值。而这就是使用随机性解决非确定性问题的方法。

算法 2.9：一个 $AS_{n,t}[t < n/2, R]$ 中的二进制算法（进程 p_i）

```
operation propose(v_i):%v_i ∈ {0,1}%
1:      est1_i ← v_i; r_i ← 0;
2:      while true do
           begin asynchronous round
3:         r_i ← r_i + 1;
           // 阶段1
4:            broadcast PHASE1(r_i, est1_i);
5:            等待直到(从 n−t 个进程收到PHASE1(r_i,−) );
6:            if(从多于 n/2 个进程收到估计值v)
7:               then est2_i ← v  else est2_i ← ⊥  end if;
           // 在这里，我们有((est2_i ≠ ⊥) ∧ (est2_j ≠ ⊥)) ⇒ (est2_i = est2_j = v)
           // 阶段2
8:            broadcast PHASE2(r_i, est2_i);
9:            等待直到(从 n−t 个进程收到PHASE2(r_i,−));
10:           rec_i = {est2 | 收到的PHASE2(r_i, est2)};
11:           case (rec_i = {v}) then broadcast DECIDE(v); return (v)
12:                (rec_i = {v,⊥}) then est1_i ← v
13:                (rec_i = {⊥}) then est1_i ← random()
14:              end case;
           end asynchronous round
15:     end while;
16:     when 收到DECIDE(v): broadcast DECIDE(v); return(v)
```

考虑一个特殊的情况，所有的提议值 v 都相等。显然，在第 1 轮的第一个阶段

结束时，所有尚在运行的进程的 $est2_i$ 值都是 v。于是，一个未崩溃的进程在它第 1 轮的第二个阶段终止，并且在两次通信后做出决策。可以观察到一个有趣的现象，在这个特殊的情况下，随机预言 R 未被使用。

从之前的观察中可以发现，当一个单一的值被提议出来时，不存在非确定性问题。因此，随机预言只有当 0 和 1 都被提议出来时才会用到。实际上，当两个值都被提议出来时，随机预言在第 r 次循环中被用来帮助进程，给进程一个使用局部变量 $est1_i$ 的值来进行下一次循环的机会。当这种情况发生时，进程会在下一次循环中做出决策。

倾向于提前终止：给定轮数 r，进程在本轮开始时的估计值 $est1_i$ 和异步模式可能会引出三个场景。

场景一：所有在第 r 轮终止的进程都会在本轮的结尾做出决策。这种情景往往在所有进程都拥有相同的起始估计值时出现。在这种情况下，场景与异步模式无关。但这种情景在带偏好的异步模式下也会出现，当有足够多的(不是全部的)进程有相同的初始估计值时就会引发场景一。

场景二：有些进程在第 r 轮中就做出了决策，而其他的进程要继续进行第 $r+1$ 轮。

场景三：没有进程在第 r 轮中做出决策，所有进程都会继续进行第 $r+1$ 轮。

实际上，在一个不需要进程使用相同的估计值来重新开始一轮的场景下，也有可能强制进程在轮的结尾做出决定。这种与故障无关的场景可以通过以下的断言来描述，其中 v 和 $\bar{v}$ 表示二进制共识的值。

$$\text{Pred}(r, \bar{v}) \equiv \left(\text{less than } \frac{n-t}{2} \text{ processes start round } r \text{ with } est1_i = \bar{v} \right)$$

可以看到，当 $\text{Pred}(r, \bar{v})$ 为真时，值 v 就能在第 r 轮中被安全地决策出来。

从可操作的角度看，利用这个断言需要一个额外的阶段(编号为 0)，将它插入到语句 $r_i \leftarrow r_i + 1$ 与第一个阶段之间。

如果 $\text{Pred}(r, \bar{v})$ 和 $\text{Pred}(r, v)$ 都为假，阶段 0 存在于简单的估计值交换之中。所以，先假设它们之中有一个为真，假设 $\text{Pred}(r, \bar{v})$ 为真，令 p_i 为在第 r 轮终止的任意一个进程。由于 p_i 收到 $n-t$ 个 PHASE1$(r, -)$ 消息，其中少于 $\frac{n-t}{2}$ 个消息上携带值 $\bar{v}$，于是出现的结果是，p_i 收到的值 v 的次数会多于 $\frac{n-t}{2}$，最终 p_i 会把 $est1_i$ 的值设置为 v。由于 p_i 是执行第 r 轮的任意一个进程，这就能推断出所有的进程估计值 $est1_i$ 在进程执行完第 r 轮的第一阶段后都会变为 v。这样，就能在第 r 轮中给出决策值 v。

我们可以发现，额外添加的 0 阶段不必在每轮中执行。它可以只在预先确定的轮中执行，如第 1 轮。

3.　$\mathrm{AS}_{n,t}\left[t<\dfrac{n}{2},\mathrm{CC}\right]$ 中的二进制共识

在 $\mathrm{AS}_{n,t}\left[t<\dfrac{n}{2},\mathrm{CC}\right]$ 系统模型中，所有进程可以使用公共硬币，公共硬币为进程提供了很强的一致性，换句话说，任意两个进程对函数 random() 进行第 r 次调用，都会得到相同的随机二进制比特值 b_r。这个性质能帮助各个进程保证随机化共识问题的 R-终止性质。

算法 2.10 描述了基于公共硬币的二进制共识算法。每个进程有 3 个局部变量。

r_i：保存当前轮数。

est_i：保存进程对于决策值的当前估计值。

s_i：保存与当前轮相关的随机比特值。

算法 2.10：一个 $\mathrm{AS}_{n,t}[t<n/2,\mathrm{CC}]$ 中的二进制共识算法（进程 p_i）

operation propose(v_i):%$v_i\in\{0,1\}$%

1:　　　est1$_i\leftarrow v_i; r_i\leftarrow 0;$

2:　　while true do
　　　　　begin asynchronous round

3:　　　　$r_i\leftarrow r_i+1; s_i=\mathrm{random}();$

4:　　　　broadcast EST(r_i,est_i);

5:　　　等待直到(从 $n-t$ 个进程收到EST($r_i,-$)或DECIDE($-$));

6:　　　if($\exists v:\#(v)>n/2$);

7:　　　　then $est_i\leftarrow v;$

8:　　　　　　if $(s_i=v)$ then broadcast DECIDE(v); return (v) end if

9:　　　　else $est_i\leftarrow s_i$

10:　　　end if
　　　　　end asynchronous round

11:　　end while

进程 p_i 在每轮中的行为如下。

首先，p_i 获取第 r 个随机比特值保存到 s_i 中，并广播自己当前的状态（EST(r,est_i) 消息）。

接着，p_i 等待 $n-t$ 个进程发来的消息。这些消息携带了估计值或决策值，包括 EST(r,est_i) 消息和 DECIDE($-$) 消息（这些消息会在进程做决策时发出）。

令 $\#(v)$ 表示值 v 在进程收到的 EST($r,-$) 消息和 DECIDE($-$) 消息中出现的次数。那么，可能出现以下两种情况。

如果有一个收到的值 v 是多数值 $\left(\#(v) > \dfrac{n}{2}\right)$，$p_i$ 把它的估计值 est_i 设置为 v。接着判断，如果 v 与第 r 个随机比特值相等 $(v = s_i)$，p_i 就能做出决策。

如果没有多数值，p_i 把它的估计值 est_i 设置为保存在 s_i 中的第 r 个随机比特值。

在决策一个值 v 之前，进程 p_i 首先会广播一条 DECIDE(v) 消息，作用是排除进程被永远阻塞的可能。

2.2.4　匿名异步共识

本节主要介绍如何在匿名异步分布式系统中达成共识。下面介绍匿名分布式系统：$AAS_{n,t}[\varnothing]$ 模型。

匿名进程：在一个匿名系统中，进程均没有标识符，且执行相同的算法。故进程不可以使用 send m to p_i 操作或 receive m from p_i 操作。

匿名通信：为了进程间通信，进程可以使用一个不可靠的广播操作 broadcast()。另外，进程也可以使用操作 reveive() 来接收数据。

与在非匿名模型中类似，broadcast() 操作并不可靠。如果发送方在执行操作的过程中崩溃了，很有可能一个任意的进程子集会接收到已经广播出来的消息。当两个进程能在不同的时间收到消息 m 时，这个操作是异步的。

一个收到消息的进程不能确定是哪个进程发出了这个消息。另外，给出任意一个进程已经收到的消息集合，这个进程也不能确定这些消息是来自不同的进程还是来自同一个进程。

首先介绍匿名完美故障检测器类 AP。

故障检测器类 AP：故障检测器类 AP 的变化范围 R 是一个整数集合 $\{1,\cdots,n\}$。给定一个故障模式 F，$F(\tau)$ 表示在时间点 τ 之前崩溃的进程集合，$Faulty(F)$ 表示在故障模式为 F 的运行过程中崩溃的进程集合，$H(i,\tau)$ 表示故障检测器的历史记录函数，这个函数定义了进程 p_i 在时间 τ 的故障检测输出。故障检测器类 AP 由以下性质定义。

强精确性：$\forall \tau : \forall i \notin F(\tau) : H(i,\tau) \geqslant n - |F(\tau)|$。

完整性：$\exists \tau : \forall \tau' > \tau : \forall i \notin F(\tau') : H(i,\tau) = n - |Faulty(F)|$。

从算法的角度看，用 aal_i 来表示进程 p_i 的故障检测器模块输出（aal_i 代表尚存活的进程的近似数目）。p_i 只能读取 aal_i，且其他进程不能访问 aal_i。

强精确性说明，在任意时刻，aal_i 大于或等于未崩溃的进程数，而完整性说明 aal_i 最终会等于未出错的进程数。

非匿名系统中 AP 和 P 是等价的。为了说明这一事实，考虑一个非匿名系统，存在两个转换：一个是由 P 转 AP，另一个是 AP 转 P。

故障检测器 P 给每个进程提供了一个 $suspected_i$ 集合，这个集合在进程 p_j 崩溃之前，不包含进程 p_j 的标识符（强精确性），而且它最终会包含所有错误进程的标识符（完整性）。

在非匿名系统中，从 P 转 AP。这个方向的转换是很烦琐的。读者可以很容易地检查，取出当前值 $n - |\text{suspected}_i|$ 来定义 aal_i 的当前值，然后构造一个 AP 类的失效检测器。

在非匿名系统中，从 AP 转到 P。算法 2.11 展示了怎么构建一个在 $\text{AS}_{n,t}[AP]$ 中的 P 类故障检测器。有趣的是，这个转换是有限制的（无论是有限执行还是无限执行，每个进程所需的本地内存是有限的）。另外，转换是静止的（如在没有消息交换之后有一段有限的时间），而且这个算法会在 t 个进程崩溃后终止[10]。

算法 2.11：构建一个在 $\text{AS}_{n,t}[AP]$ 中的 P 类故障检测器（进程 p_i）

1: 任务T1 : repeat wait until ($n\text{-aal}_i > k_i$);
2: 　　　　　$k_i \leftarrow n \leftarrow \text{aal}_i$; broadcast INQUIRY($k_i$)
3: 　　　　until ($k_i = k$) end repeat
4: 　　when 从 p_j 收到 INQUIRY(k) : send ALIVE(k) to p_j
5: 　　when 从 p_j 收到 ALIVE(k): $\text{answered}_i[j] \leftarrow \max\{\text{answered}_i[j], k\}$

1: 任务T2 : repeat $m \leftarrow k_i$; %m 是T2的局部变量，但 k_i 不是%
2: 　　　　　$X \leftarrow \{x$ 满足 $\text{answered}_i[x] \geqslant m\}$;
3: 　　　　　if ($|X| = n - m$) then $\text{suspected}_i \leftarrow \{1, \cdots, n\} \setminus X$ end if
4: 　　　　until($|\text{suspected}_i| = t$) end repeat
End

为了计算 suspected_i 的值（该值被初始化为 $\varnothing$），每个进程维护两个局部变量：一个初始化为 0 的整数变量 k_i，表示该进程当前意识到的已崩溃的进程数量。一个初始化为全 0 的数组 $\text{answered}_i[1 \cdots n]$， $\text{answered}_i[j] = k$ 表示对已收到相应的应答 ALIVE(k) 的进程 p_i 来说， k 是它的最大调查数。

p_i 进程的行为由两个任务组成。首先，当 p_i 发现有超过 k_i 个进程崩溃时，它会更新相应的 k_i，然后，该进程会向所有进程广播一条查询消息 INQUIRY(k_i)。需要注意的是，这个任务会在 $k_i = t$ 时终止，这是由模型的定义决定的，此时不会有更多的崩溃发生了。观察 p_i 发出的 INQUIRY(k_i) 消息，其携带的值越来越大，因为 aal_i 的强精确性， p_i 知道还有最多 $n - k_i$ 个存活进程。

当 p_i 进程从 p_j 进程收到一个 INQUIRY(k) 消息时，它会给 p_j 进程返回一个 ALIVE(k) 消息，用以说明自己还存活着。当 p_i 进程从 p_j 进程收到一个 ALIVE(k) 应答消息时， p_i 会认为 p_j 进程已经回复了它的第 k 次询问，然后 p_i 进程会更新 $\text{answered}_i[j]$ 的值。

T2 任务是将进程的当前值赋给 suspected$_i$，这是转换的核心。这个任务由 repeat 语句组成，它会执行到有 t 个进程局部可疑时才结束（当 t 个进程崩溃时，不会有更多的进程崩溃，这个任务就能终止了。如果少于 t 个进程崩溃，这个任务还要继续执行）。

下面给出了针对 $AAS_{n,t}[AP]$ 模型的共识算法 2.12。可以使用任意的 t 值对算法进行实例化，而且算法不需要进程知道 n 的值。

算法 2.12：在 $AAS_{n,t}[AP]$ 中的匿名共识（进程 p_i）

operation propose(v_i) : %$v_i \in \{0,1\}$%

1:　　　est1$_i \leftarrow v_i; r_i \leftarrow 1;$

2:　　　while ($r_i \leqslant 2t+1$) do

　　　　　begin asynchronous round

3:　　　　　broadcast EST(r_i, est$_i$);

4:　　　　　等待直到(收到aal$_i$个EST(r_i, −)消息);

5:　　　　　est$_i \leftarrow$ min(上一行收到的est值);

6:　　　　　$r_i \leftarrow r_i + 1;$

　　　　　end asynchronous round

7:　　　end while

8:　　　return (est$_i$)

当进程知道 n 的值，并且当 $t = n-1$ 时，很容易改进算法 2.12 使得进程在 $2t$ 轮中做出决策，这样就节省了一轮。

2.3　状态复制协议——Paxos

Paxos 算法是 Lamport 于 1990 年提出的一种基于消息传递的一致性算法，其解决的问题是分布式系统如何就某个值（决议）达成一致。

从工程实践的意义上来说，通过 Paxos[11]可以实现多副本一致性、分布式锁、名字管理、序列号分配等。例如，在一个分布式数据库系统中，如果各节点的初始状态一致，每个节点执行相同的操作序列，那么它们最后得到的状态就是一致的。为保证每个节点执行相同的命令序列，需要在每一条指令上执行一个一致性算法以保证每个节点看到的指令一致。后续又增添多个改进版本的 Paxos，形成了 Paxos 协议家族，但其共同点是不容易工程实现。

Lamport 在 2011 年的论文 *Leaderless Byzanetine Paxos* 中表示，不确定该算法在实践中是否有效，考虑 Paxos 本身实现的难度及复杂程度，此方案工程角度虽不是最优的，但系统角度应该是最好的。

1. 算法简介

Paxos 算法是 Lamport 在微软研究院提出的，在分布式系统中的应用非常广泛，是一种基于消息传递的一致性算法，十分高效且具有容错能力，目前很多比较有效的一致性算法都是 Paxos 的变体。Paxos 算法用于解决复杂事物中的确定值问题，在 Paxos 中，有三种不同的角色，分别为提议者、接受者、学习者，这三种角色只是虚拟的，在实际中，可以身兼多值，不同的角色在 Paxos 中承担了不同的职责。

2. Paxos 的三个阶段

图 2.5 展示了 Paxos 算法的运行过程。第一阶段，当某个存储节点收到客户端写的请求后，将其转交给该存储节点的提议者，该提议者生成一个唯一的数字 epoch，然后向所有存储相同数据的副本发送 Prepare 请求。存储节点接受者收到带有数字 epoch 的 Prepare 请求，如果数字 epoch 大于之前该存储节点收到的 Prepare 请求，返回之前收到的最大 epoch 提议的值，并且承诺不再接受比该 epoch 小的请求。否则，不采取任何操作。

第二阶段，如果一个提议者收到副本数半数以上的接受者的回应(respond)，就选取一个值向所有存储节点的接受者发送 Accept 请求。如果之前接受者有回应值，那么这个 Accept 请求的值就是该值，否则由提议者自己决定 Accept 值。接受者收到 Accept 请求后，与自己最新的 epoch 比较，如果小于，返回 error，否则返回 ok。

第三阶段，提议者如果收到半数以上的 ok 回应，则表示这次请求成功，通知各存储节点的学习者。否则将重新生成一个更大的 epoch，重复上述过程。

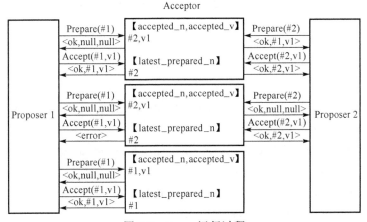

图 2.5　Paxos 运行过程

仔细观察容易发现，当两个提议者都有值需要提交时，Proposer1 用 epoch1 结束第一阶段后，准备发送 Accept 请求，但在这个过程中 Proposer2 用 epoch2(epoch1>epoch2)完成了 Prepare 请求，使得 Proposer1 的 Accept 请求失败，提议者就选用更大的 epoch1（epoch1>epoch2）重新发送 Prepare 请求，这可能又会导致之前的 epoch2 请求失败，这样一直下去，就会产生一个无限循环，也就是活锁。为了解决这个问题，lamport 在论文中提出可以通过选取一个主提议者负责发送 Prepare 请求，也就是当存储节点收到写的请求后，将这个操作通知给主提议者，主提议者执行上述 Paxos 的三个过程。但主提议者可能会意外失效，从而影响系统的容错能力。

3. 算法分析

Paxos 算法可以容忍任意提议者出现故障。

当半数以下接受者出现故障时，存活的接受者仍然可以选定提案。一旦提案被选定，即使出现半数以上接受者故障，此取值仍可被获取，并且将不再被更改。

2.4　本章小结

在本章中，我们主要介绍了传统分布式共识机制。本章首先分析了分布式系统的数学模型，阐述其运行原理，随后介绍了共识问题，提出如何在分布式系统中使每个节点的数据达成一致，保证分布式系统的正常运行问题。分布式系统主要为两类，一类为同步分布式系统，另一类为异步分布式系统。在同步分布系统内达成共识较为容易，本章在这部分主要介绍了崩溃故障下的共识和拜占庭故障下的共识。而异步的情况较为复杂，分布式系统需要一个强力的共识算法才能达成共识，本章主要介绍了带失效检测器的共识、随机化共识和匿名异步共识算法，以在不同的异步分布式系统场景中达成共识。

参 考 文 献

[1] Welch J L, Attiya H. Distributed Computing: Fundamentals, Simulations and Advanced Topics. New York: McGraw-Hill, Inc., 1998.

[2] Özalp B, Glu O B, Toueg S, et al. Understanding non-blocking atomic commitment. Distributed Systems, 1993: 147-168.

[3] Bernstein P A, Hadzilacos V, Goodman N. Concurrency Control and Recovery in Database Systems. Upper Saddle River: Addison-Wesley, 1987.

[4] Borowsky E, Gafni E. Generalized FLP impossibility result for t-resilient asynchronous computations. Proceedings of the 25th Annual ACM Symposium on Theory of Computing, San Diego, 1993: 91-100.

[5] Bonnet F, Raynal M. Early consensus in message-passing systems enriched with a perfect failure

detector and its application in the theta model. 2010 European Dependable Computing Conference, Valencia, 2010: 107-116.

[6] Brasileiro F, Greve F, Mostéfaoui A, et al. Consensus in one communication step. International Conference on Parallel Computing Technologies, Berlin, 2001: 42-50.

[7] Chandra T D, Hadzilacos V, Toueg S. The weakest failure detector for solving consensus. Journal of the ACM, 1992, 43(4): 685-722.

[8] Charron-Bost B, Guerraoui R, Schiper A. Synchronous system and perfect failure detector: Solvability and efficiency issues. Proceedings of International Conference on Dependable Systems and Networks, New York, 2000: 523-532.

[9] Delporte-Gallet C, Fauconnier H, Tielmann A. Fault-tolerant consensus in unknown and anonymous networks. The 29th IEEE International Conference on Distributed Computing Systems, Montreal, 2009: 368-375.

[10] Fischer M J, Lynch N A, Paterson M S. Impossibility of distributed consensus with one faulty process. Journal of the ACM, 1985, 32(2): 374-382.

[11] Chockler G, Malkhi D. Active disk Paxos with infinitely many processes. Distributed Computing, 2005, 18(1): 73-84.

第3章 典型区块链共识机制

共识机制是区块链的灵魂,它解决了区块链去中心化网络中两个关键的问题:谁来记账(创建区块)及如何维护全网数据的一致性。它的目标就是让网络中的各个节点形成一致的区块链结构。

3.1 共识评价模型

本节从三个方面来评价一个共识算法的优劣性,包括共识算法遵从的分布式一致性条件、共识算法的安全性及共识算法的维度分析。

3.1.1 分布式一致性条件

区块链本质上是一种去中心化的分布式账本,而早在区块链出现以前,分布式的思想就已经被提出并日益发展成熟。在分布式领域,常使用 FLP 不可能原理(FLP impossibility)、CAP 定理和 BASE 模型来指导分布式系统及其共识算法的设计。

1. FLP 不可能原理

分布式事务作为一类典型的共识问题,在异步网络中非常难以实现。许多科学家做了大量伟大的尝试,包括 2PC 和 3PC 等,但是在 1985 年,Fischer、Lynch 和 Patterson 三位科学家提出了一个令人吃惊的结论:在异步通信场景下,分布式系统中只要有一个进程发生故障,任何共识算法都无法保证其完全正确性[1]。这个结论被称为 FLP 不可能原理,它终止了学术界仅依赖算法来解决异步环境下一致性问题的不断尝试,是分布式系统中最重要的准则之一。

基于此,这三位科学家还推导出了另一个重要的定理:如果在运行过程中没有进程死掉,同时有半数以上的进程是正常的,那么存在一个部分正确的共识算法能够保证所有的正常进程可以达成一个决议。

FLP 证明中使用的模型比现实情况可靠得多,这使得它具有更高的普适性。FLP 不可能原理基于下面几点假设。

健壮通信:不考虑拜占庭类型的错误,同时消息系统是可靠的。

异步通信:进程处理速率和消息传输时延没有任何限制,并且进程无法访问同步时钟,也就是系统不能使用依赖于超时的算法。

协议约束:共识协议限定输入值和决议值均为布尔值,且最终所有正常进程必须达到决议状态并选择相同的值。

系统进程：用相互之间可以进行通信的自动机(具有无限多个可能状态)来表示进程。特别地，每个进程都具有原子性广播的能力，一个进程可以在一个步骤里将相同的消息发送给其他所有进程。同时，只要目标进程不断地尝试接收消息，发给它的消息最后都会被收到，只是消息可能被任意延迟或乱序。

2. CAP 定理

1985 年 Lynch 提出 FLP 不可能原理的同时，学术界就开始寻找能够进行取舍的分布式系统设计因素。2000 年，Brewer 在某个研讨会上提出了一个猜想：一致性(consistency，C)、可用性(availability，A)和分区容忍性(partition tolerance，P)三者无法在分布式系统中同时被满足，最多只能满足其中两点，需要根据业务特点进行取舍。2002 年，Lynch 等证明了这个猜想，从而把 CAP 上升为一个定理。

CAP 定理首次将一致性、可用性和分区容忍性三个因素提炼为分布式系统设计的重要特征，揭露了分布式系统的本质，其相应的三角约束如图 3.1 所示。

C(一致性)：系统中任何的操作都应该看起来是原子或串行的，所有的操作都看起来像被全局排序。

A(可用性)：任何正常节点收到请求后都应该在有限的时间内给出响应。

P(分区容忍性)：当网络在某一时刻发生分区时，系统仍然能够满足一致性和可用性。

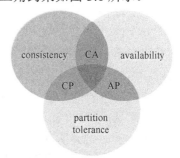

3. BASE 模型

图 3.1 CAP 定理相应的三角约束

BASE 模型是工程实践中对 CAP 定理中一致性和可用性权衡的结果，其核心思想是强调系统的基本可用性(basically available，BA)、支持分区失败和软状态(soft state，S)及最终一致性(eventually consistent，E)。BASE 模型的软状态允许系统状态在短时间内不完全同步，但必须满足最终数据的一致性。

目前主流的区块链共识算法(例如，PoW、DPoS 等)均借鉴了 BASE 模型，在满足基本可用性的同时实现了最终一致性。根据应用场景和需求的不同，应当设计不同的共识机制来达到平衡。

3.1.2 共识算法的安全性

区块链共识算法主要解决的是由谁来构造区块和维护区块数据统一的问题。恶意节点可以通过干扰共识过程，影响整个系统的安全性，但是共识算法的安全性并不是绝对的，通常都有各自的限制条件，即容错性。例如，依赖算力的 PoW 共识面临 51%的攻击问题，当攻击者具备算力优势时，找到新区块的概率会大于其他节点，因此他拥有撤销已发生交易的能力；在 PoS 共识中，攻击者只有在持有超过 51%的 Token 量时才能够攻击成功，这比 PoW 共识的 51%算力需求更加困难；PBFT 共识则认为恶意节点的数量少于全网节点总数的 $\frac{1}{3}$ 时系统是安全的。

安全性和容错性要求共识算法的设计要尽可能地提高攻击难度。此外，作为攻击者还需要考虑的是，一旦攻击成功，则会造成该系统的价值归零，这时攻击者除了破坏以外并不能得到其他有价值的回报[2]。下面针对 3 种区块链系统中常见的攻击方式，具体分析共识算法的安全性。

1. 双花攻击

如果在区块链上同时存有两笔相矛盾的不可共存的交易，称此区块链遭受了双花攻击(double spend attack)。通俗地说，双花攻击是指同一笔资金通过某种方式被花费了两次。由于公有链上的共识算法依赖不可控的公众意识而不是监管组织来争夺记账权，这种并不复杂的双花攻击仍然是一类严重的漏洞，严重地挑战着区块链数据的安全性。

以比特币系统为例，PoW 共识使用对区块盖时间戳和发布全网的方式来解决双花问题。当且仅当包含在区块中的所有交易都是有效的且之前从未存在过的，验证节点才认同该区块的有效性。网络中的用户需要等待多个区块的确认以提高对已记入区块链的交易的可信度。但是，PoW 共识能够完全避免双花攻击吗？答案是否定的。考虑一种简单的情况，如果攻击者同时分别向自己和商家发送交易 A 和 B，这两笔交易使用相同的 UXTO，且 A 的交易费相对 B 较高，此时交易 A 有较大概率先于 B 被矿工打包进区块，攻击者就实现了一次双花攻击。再考虑另一种情况，如果攻击者拥有大量的算力，能够将不合法的交易封装存入区块链产生分叉，然后为错误的分叉强行追加区块数量至成为全网公认的最长链，此时旧链中的交易会被回滚，双花攻击成功，系统不再可靠。

值得注意的是，双花攻击不会产生新的货币，它只是一个把已经花出去的钱重新拿回来的过程。

2. 自私挖矿

自私挖矿(selfish mining)最早出现在比特币系统中。与其他攻击方式不同，这种攻击不以破坏区块链网络的正常运行为目的，而是为了获得更大的利润。

如图 3.2 所示，攻击者在挖到新的区块之后不立刻公布，其他诚实矿工由于不知道新区块的存在，依然在原本的链上挖矿。当攻击者囤积了比原链更长的区块之后，同一时间完全发布自己手中的区块。此时，攻击者所在的分叉链瞬间成为最长链，所有诚实矿工都会转而在自私挖矿的链上继续工作。因此攻击者将会获得这部分所有区块的收益，而诚实矿工的分叉被废弃，什么也得不到。这种攻击方式需要攻击者的算力高于平均水平，却无须超过 50%。按照以色列学者 Eyal 提出的模型[3]，即使在竞争处于极端劣势的情况下，攻击者仅需占有 33% 的算力即可保证自私挖矿是严格有利的。

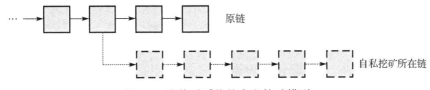

图 3.2　比特币系统的自私挖矿模型

自私挖矿对系统的正确性没有伤害，与双花攻击相比难度大大降低。但作为一种赚取出块收益和手续费的攻击方式，自私挖矿损害了系统中其他诚实矿工的利益，对于原链上已经成功挖矿的矿工极不公平。

3. 女巫攻击

女巫攻击(sybil attack)源于无线通信领域，是一种攻击者通过创建大量的低成本的虚拟身份来获得巨大影响的攻击方式。

Douceur 首次将女巫攻击的概念应用到对等网络环境下[4]。在大规模的对等网络中，通常使用冗余策略以应对系统内恶意节点的威胁，例如，区块链系统将账本冗余备份在多个节点中从而保证区块数据的不可篡改性。然而，攻击者可以模仿多个身份去占据匿名系统中的大部分节点，也削弱了冗余备份策略的作用。

比特币系统的 PoW 机制能够解决女巫攻击，攻击者需要通过证明自己的计算能力来证明节点的身份，极大地增加了攻击成本。另一种解决方式是身份认证机制，利用第三方身份认证或者分布式身份认证等手段，保证节点身份的可靠性。因此，女巫攻击仅对无许可的公有链存在威胁，对于有许可链来说，女巫攻击无法起到其原有的作用。

3.1.3　共识算法的维度分析

工业和信息化部在 2016 年出版的《中国区块链技术和应用发展白皮书》[5]中，建议对共识机制的分析可以分为以下四个维度。

(1)合规监管：是否支持超级权限节点对全网的节点和数据进行监管；是否能够控制区块链数据的合法性，并剔除不符合现实法律规定的交易。

(2)性能效率：交易数据达成共识被确认的效率，即共识机制允许系统对于交易数据处理速度的效率。

(3)资源消耗：共识过程中耗费的 CPU、网络输入输出和存储等资源，需要避免对资源的过度浪费。

(4)容错性：防攻击和防欺诈的能力。

在现实区块链场景中，上述的四个维度往往无法同时达到最优。例如，PoW 共识以牺牲外部算力资源为代价换取一致性，PBFT 共识通过多阶段提交和确认机制来换取一致性，Paxos 通过限制权限和设置可信环境来提高一致性与安全性等。只有根据实际应用场景中的节点数量、信任度分级、容错性和性能效率等指标，自由选择或设计共识机制，才能使得共识算法最优化。

3.2　主流区块链共识机制

实际的分布式系统应用环境中存在两类共识问题——拜占庭问题和非拜占庭问题。由于不同的分布式系统具有不同的故障类型，它们采用的共识算法也不同。根据处理异常情况的差异，对应地，共识算法也分为两种类型：一类针对非拜占庭错误，性能较高但容错性较差，如 Paxos 和 Raft 等；另一类针对拜占庭错误，往往容错性较高但是性能相对较差，包括 PBFT、PoW、PoS 和 DPoS 等。

作为一个开放的网络，区块链系统内通常存在拜占庭节点。处理拜占庭错误的算法有两种思路：一种是提高作恶的成本以降低恶意节点出现的概率，如 PoW 和 PoS 等；另一种是在允许一定的恶意节点出现的前提下，依然使得各节点之间达成一致性，如 PBFT 等。下面将逐一介绍现存的区块链主流共识机制。

3.2.1　PoW 共识

PoW 共识最早出现于中本聪在比特币系统的设计中，是保证采矿及货币安全的支柱。自此，它的设计理念逐渐成为 P2P 电子货币的主流思想。

PoW 共识机制的一个主要特征是计算的不对称性，工作端需要完成一定难度的工作量才能得到一个结果，而验证方却很容易通过结果来检查工作端是否完成了相应的工作量。考虑到散列算法的逆向暴力破解难度，并且其正向推导验证只需要一个公式，因此 PoW 共识机制使用目前认为最安全的 SHA256 算法。

PoW 共识以竞争算力的形式让网络的所有节点一起去破解密码学难题，计算出一个满足规则的随机数，从而获得创建新区块的权利(即挖矿成功)和挖矿奖励，全网其他节点验证后共同地将区块存储到本地。PoW 节点挖矿过程如图 3.3 所示，节点反复尝试寻找一个随机数 x，使得将 x、链上最后一个区块的 Hash 值和交易单三部分送入 SHA256 算法后能计算出 256 位 Hash 值 X，且 X 满足难度预设的条件(例如，前 20 位均为 0），即找到数学难题的解。由此可见，解 x 并不唯一，每个节点都有机会参与，最快破解出答案的节点能够拿到写入区块的权利。如果有两个矿工同时挖矿成功，则导致分叉，此时全网节点选择存在且唯一的最长链继续挖矿，以保证所有节点数据理论上的一致性。

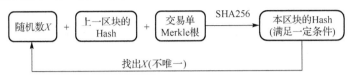

图 3.3　PoW 节点挖矿过程

区块中的第一笔交易是一笔特殊交易，称为创币交易或 Coinbase 交易。与常规交易不同，创币交易没有输入，不消耗 UTXO（未确认的交易）。它的输入被称作 Coinbase，仅仅用来创建新的比特币。它的输出为这个挖矿成功的节点的地址。

以比特币系统为例，图 3.4 是一个交易从产生到最终记入区块链的过程。

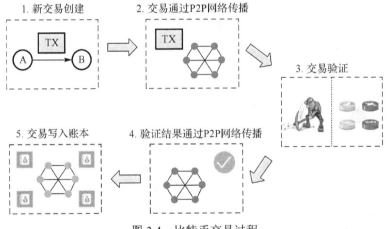

图 3.4　比特币交易过程

S1：比特币的所有者 A 利用他的私钥对前一次交易（比特币来源）和下一位所有者 B 签署一个数字签名，并将这个签名附加在这枚比特币的末尾，制作成交易单。

S2：A 将交易单广播至全网，系统将比特币发送给 B，每个节点都将收到的交易信息纳入一个区块中。对 B 而言，该比特币会实时显示在比特币钱包中，但直到区块确认成功后才可使用。

S3：每个节点通过解一道数学难题来获得创建新区块的权利，并争取得到比特币奖励，新币会在这一过程中产生。

S4：当一个节点找到解时，立即向全网广播该区块记录的所有盖时间戳的交易，并由全网其他节点核对。时间戳证实了特定区块必然存在于某特定时间，比特币系统采取从 5 个以上节点获取时间，再取中间值的方式作为时间戳。

S5：全网其他节点核对该区块的正确性，然后竞争下一个区块，这样就形成了一个合法记账的区块链。系统根据最近产生的 2016 个区块的时间差，自动调整每个区块的生成难度，使得每个区块的生成时间是 10 分钟。这个时间并不绝对，它随着全网算力的不断变化而缩短或者延长。

PoW 共识机制能够允许全网 50%的节点是恶意节点。如果有两个节点在同一时间找到难题的解，网络将根据后续节点的决定来确定以哪个区块构建总账。从统计学角度，一笔交易需要在 6 个区块(约 1 小时)后被认为是明确确认且不可逆的；然而核心开发者认为，需要 120 个区块(约 1 天)才能充分保护网络不受来自更长链的双花攻击。

PoW 共识机制的优点有算法逻辑简单，易于实现；节点间无须交换额外的信息即可达成共识；破坏系统需要投入极大的成本；完全去中心化，节点自由进出等。但是，它的缺点也很明显，例如，挖矿造成大量的资源浪费；可监管性弱；共识达成的周期较长，系统效率较低，不适合商业应用；容易产生分叉，需要等待多个区块的确认，不满足最终性；目前比特币系统已经吸引了全球大部分算力，其他使用 PoW 共识的区块链应用很难获得相同的算力来保证自身的安全等。

3.2.2　PoS 共识

2011 年，一个名为 Quantum Mechanic 的数字货币爱好者在 Bitcointalk 论坛上提出 PoS 共识机制，充分讨论之后该机制被广泛认为具有可行性。

PoS 是 PoW 的一种升级共识机制，同样基于 Hash 运算来竞争获取记账权。它的主要思想是使节点获得记账权的难度与节点持有的权益成反比，根据每个节点所持有代币的比例和时间，等比例地降低挖矿难度，从而加快找到随机数的速度。如果说 PoW 共识过程主要比拼的是算力，算力越大，节点挖到一个块的概率越大，PoS 共识过程则是在比拼余额，账户中的数字货币越多，挖到一个块的概率越大。PoS 合格区块的评判标准表述为

$$F(\text{Timestamp}) < \text{Target} \times \text{Balance} \tag{3.1}$$

与 PoW 相比，式(3.1)左边的搜索空间由随机数变为时间戳(Timestamp)。随机数的范围本质上是无限的，而一个合格区块的时间戳必须在前一个区块时间戳的规定范围之内，太早或太晚的区块都不会被其他节点接纳。此外，式(3.1)右边为目标值(Target)引入一个乘积因子余额(Balance)，余额越大，整体目标值(Target×Balance)越大，找到一个合格区块的概率就越大。

PoS 共识机制只代表一种共识理念，具体来说，它有多种实现方式，点点币是其中一种较为经典的实现思路。

在点点币系统中，存在两种类型的区块：PoW 区块和 PoS 区块。此外，创始人 King 还专门为点点币设计了 Coinstake 交易、Kernel 协议、Coinage、Stake Reward 等核心概念。

1. Coinstake 交易

为了实现 PoS 共识，King 借鉴比特币系统的 Coinbase 交易，设计了一种名为 Coinstake 交易的特殊类型交易。Coinstake 交易结构如图 3.5 所示。

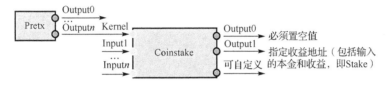

图 3.5　Coinstake 交易结构

在比特币系统中，Coinbase 交易要求：输入（Input）的数量等于 1，且输入对应的前一笔交易的输出（Prevout）必须置空值；输出（Output）的数量大于等于 1。参考 Coinbase 交易，Coinstake 交易要求：输入的数量大于等于 1，且第一个输入（Input0，又称 Kernel）的 Prevout 字段不能为空；输出的数量大于等于 2，且第一个输出（Output0）必须置空值。

这两种特殊交易在区块链中存放的位置也有特殊要求。按照中本聪的设计，Coinbase 只能出现在区块的第一笔交易中。King 在此基础上增加了一条规则：PoS 区块的第二笔交易必须是 Coinstake 交易，否则，Coinstake 交易不能出现在区块的其他任何位置。也就是说，只要检查到区块的第二笔交易是 Coinstake 交易，就将这个区块当作 PoS 区块来处理。

2. Kernel 协议

Kernel 为 Coinstake 交易的第一个输入，在 PoS 区块的判定中起到了重要作用。具体来说，一个合格的 PoS 区块评判条件为

$$\text{SHA256D}(nStakeModifier + txPrev.block.nTime + txPrev.offset + txPrev.nTime$$
$$+ txPrev.vout.n + nTime) < bnTarget \times nCoinDayWeight \tag{3.2}$$

其中，nStakeModifier 是一个专门为 PoS 共识设计的调节器。由于 King 希望 PoS 矿工像 PoW 矿工一样做盲目探索以实时在线维护区块链，故给每个区块分配了一个相对固定的 nStakeModifier 值，并且该值根据 Modifier Interval 周期变化。

txPrev 代表 Kernel 对应的前一笔交易。txPrev.block.nTime 表示 txPrev 所在区块

的时间戳，用于防止节点利用预估优势提前生成大批交易。txPrev.offset、txPrev.nTime 和 txPrev.vout.n 分别表示 txPrev 在区块中的偏移量、构造时间和 Kernel 在 txPrev 中的输出下标，用以降低网络中的节点生成 Coinstake 交易的概率。

此外，bnTarget 是全网当前目标难度基准值，类比于 PoW 共识中的当前难度值。nCoinDayWeight 表示 Kernel 的币龄。

由式(3.2)可以看出，King 希望能够给所有 PoS 矿工足够的随机性，同时，PoS 机制的搜索空间严格局限于 Coinstake 交易的时间戳范围，从而保证影响找到合格区块的最大因素是 Kernel 的币龄。

当节点在创建区块时，首先从自己所有的 UTXO 中选定一个作为 Kernel，构造 Coinstake 交易。如果这个交易不符合上述评判条件，则重复构造过程，直到找到合格的 PoS 区块。

3. Coinage

点点币采用币龄(Coinage，又称币天)而不是直接采用余额来计算难度。假如一个账户拥有 1.5 个币 10 天，它们的币龄数值为 $Coinage = 1.5 \times 10 = 15$。一个 UTXO 一旦被花费，其币龄则被清零，即新的 UTXO 的币龄从 0 开始计算。

4. Stake Reward

权益激励(Stake Reward)，俗称获得利息，计算公式如下：

$$StakeReward = \left(\frac{0.01 \times nCoinAge}{365} \right) \times Coin \qquad (3.3)$$

其中，nCoinAge 是 Coinstake 交易的所有输入的币龄总和，由式(3.3)可知，年利率为 1%。

PoS 共识机制解决了 PoW 机制的能源浪费和算力集中两个缺点，在一定程度上缩短了共识达成的时间。但是，PoS 共识同时也丢弃了 PoW 共识的某些优势，更加容易产生分叉，从而一笔交易需要等待更多的确认才能够确保足够安全。另外，PoS 共识的安全性和容错性还未得到严格的数学论证。

3.2.3 DPoS 共识

DPoS 共识的思想起初由 Larimer 提出，他认为，PoS 共识机制的去中心化可以依赖于一定数量的代表节点而不是所有的股东节点来实现。2014 年 4 月，Larimer 团队正式提出了 DPoS 共识的概念并发布了白皮书。相较于 PoS 共识，DPoS 共识进一步削减了算力的浪费，同时加强了区块链系统的安全性。

DPoS 共识是对 PoS 共识的一种改进，主要区别在于节点选举出若干代理人，由代理人进行验证和记账。这一过程类似于公司中的董事会机制，每位持币者(股东节点)将自己的投票权授予其他节点,获得票数最多的前 100 名节点当选为代表节点。代表节点彼此权力完全相同,按照既定的时间表轮流获得记账权。每当一名代表节点成功生成一个区块时,所有代表节点将收到等同于一个平均水平的区块所含交易费的 1%作为报酬,如果一个平均水平的区块含有 100 股作为交易费,则每名代表的报酬为 1 股。

具体来说,DPoS 共识的基本步骤如下。

S1:成为代表节点。

想要成为代表节点,必须首先在网络上注册公钥,然后分配得到一个 32 位的特有标识符,该标识符将会被每笔交易的头部引用。

S2:股东节点授权选票。

股东节点可以在钱包中设置选择投票给一个或者多个节点,并将它们进行分级。一经设定,股东节点所做的每笔交易会把选票从输入代表转移至输出代表。考虑到交易费用,一般情况下,节点不会特别创建以投票为目的的交易。但在紧急情况下,DPoS 系统并不禁止某些节点通过支付费用这一更积极的方式来改变其投票。

S3:保持代表节点诚实。

每个钱包都有一个状态指示器告知该股东节点的支持节点表现如何,如果支持节点错过了太多的区块,系统将会推荐股东节点更换新的支持节点。一旦某个代表节点被发现生成了一个无效区块,那么所有标准钱包将在每个钱包进行更多交易前要求选举出一个新的代表节点。

DPoS 机制也同样采用最长主链原则,一名代表节点错过了生成区块的机会就意味着它所在的链短于潜在的竞争对手。也就是说,如果某条交易所在的链上拥有至少 51%的区块,就可以认为该交易安全地位于主链上。在 DPoS 系统中,生成区块的时间间隔为 30 秒,最多需要 5 分钟就可以判断节点是否正处于一条支链上。

在减少由分叉导致的损失方面,DPoS 机制采取及时发现并做出警示的方式来最小化分叉的潜在损失。由于代表节点通过生成区块获得报酬,它们将保持接近100%的在线时间来防止被投票罢免而损失收入。因此,可以安全地认为,如果在过去的 10 个区块中,有一两个区块错过生产,则网络的某些部分可能正发生连接问题,股东节点应当对此特别警觉并要求额外的确认数。如果 10 个区块中有超过 5 个错过生产,那么这意味着股东节点的支持节点很可能在一条支链上,此时应该停止所有交易,直到分叉得到解决。

此外,PoW 系统中可能存在网络延迟导致矿工无法及时广播生成的区块,从而产生分叉。DPoS 系统中通过将生成区块的代表节点与生成其前后区块的代表节点建立直接连接,确保该代表节点能够得到报酬,也在一定程度上防止发生网络延迟导致的分叉问题。

在抵抗攻击方面,前 100 名代表节点所获得的记账权是相同的,因此,无法通过获得超过 1%的选票而将权力集中到单一代表节点上。因为代表节点的数量只有 100 名，我们可以想象一个攻击者对每名获得记账权的代表节点轮流进行分布式拒绝服务(distributed denial of service，DDoS)攻击。但是事实上，每名代表节点的标识是其公钥而非 IP 地址，这将增加 DDoS 攻击者确定攻击目标的难度。而代表节点之间的潜在直接连接，也将使攻击者妨碍生成区块的过程变得更为困难。

DPoS 共识机制的合规监管、性能、资源消耗和容错性都同 PoS 共识机制相似。此外，DPoS 共识大幅度缩小了参与验证和记账节点的数量，实现了秒级的共识验证。但是，整个 DPoS 共识机制还是依赖于代币，无法适用于众多不需要代币的区块链应用场景。

3.2.4　RPCA 共识

Ripple 是一种基于互联网的开源支付协议，由硅谷初创企业 Ripple Labs 研发推出，旨在于实现全球货币与各式各样的价值物之间的自由、免费、零延时的转换与汇兑。Ripple 引入了 RPCA(the ripple consensus algorithm)共识机制，这是一种数据正确性优先的网络交易同步机制。RPCA 共识基于特殊的节点列表，必须首先确定若干个初始特殊节点，后续接入节点必须得到 51%初始节点的确认，并且只有被确认的节点才拥有记账权。因此，RPCA 较上面几类共识机制来说具有更弱的去中心化特征。

如图 3.6 所示，在 Ripple 网络中，交易由客户端发起，经过追踪节点(tracking node)或验证节点(validating node)将交易扩散到整个网络中。追踪节点的主要功能是分发交易信息及相应客户端的账本请求。验证节点除了包含追踪节点的所有功能，还可以通过共识过程在账本中增加新的账本数据。

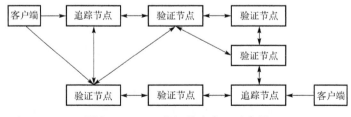

图 3.6　RPCA 共识节点交互示意图

RPCA 共识达成发生在验证节点之间，每个验证节点都预先配置了一份可信任节点名单，称为 UNL(unique node list)。图 3.7 描述了 RPCA 共识的工作流程。

S1：每个验证节点不断地收到从网络发送过来的交易，根据本地账本数据进行验证后，直接丢弃不合法的交易，将合法的交易汇总成交易候选集(candidate set)。交易候选集内同时还包含了之前共识过程中无法确认而遗留下来的交易。

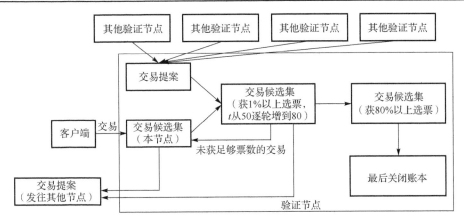

图 3.7　RPCA 共识的工作流程

S2：每个验证节点把自己的交易候选集作为提案发送给其他验证节点。

S3：验证节点在收到其他节点发来的提案后，判断提案来源是否为 UNL 中的节点。如果不是，则忽略提案；反之，对比提案内的交易和本地的交易候选集，若有相同的交易，那么该交易获得一票。在一定时间内，只有当某个交易获得超过 50%的票数时，该交易才能够进入下一轮。没有超过 50%票数的交易由下一次共识过程去确认。

S4：验证节点把超过 50%票数的交易作为提案发送给其他节点，同时提高所需票数的阈值至 60%，重复步骤 S3 和步骤 S4，直到阈值达到 80%。

S5：验证节点把经过 80%投票确认的交易正式写入本地账本数据，称为最后关闭账本，即账本的最终状态。

在 RPCA 共识机制中，被投票的节点身份是事先知道的，因此，算法的效率显然比 PoW 等匿名共识算法高效，现实系统中交易的确认时间只有几秒钟。当然，这一特性也决定了该共识只能适用于有许可链的场景。RPCA 共识的拜占庭容错能力为 $\frac{n-1}{5}$，即可以容忍整个网络中 20%的节点出现拜占庭错误而不影响共识的最终正确性。

RPCA 共识机制的优点是任何时候都不会产生硬分叉，且交易可以被实时验证，因此能够维护全网的有效性和一致性。但是，网络中新加入节点取得共识所需的时间较长。此外，网络的抗攻击性弱，黑客可以伪造节点甚至大量扩散潜伏，并在某个时刻同时发起攻击。

3.2.5　PBFT 共识

PBFT 共识算法由 Castro 于 1999 年提出，解决了原始拜占庭容错算法效率不高的问题，将算法复杂度由指数级降低到多项式级，使得拜占庭容错算法在实际系统应用中变得可行。2015 年 Linux 基金会发起的超级账本项目采用了 PBFT 改进版本作为主要的共识机制后，PBFT 共识以其脱离代币和高速验证的特性引起了区块链社区的广泛讨论。

PBFT 共识过程主要分为三个阶段：pre-prepare、prepare 和 commit。其中，pre-prepare 和 prepare 阶段主要是为了将在同一个视图(view)里发送的请求排序，且使得网络中的每个节点都认可这个序列并按序执行。

以一个包含编号为 0、1、2、3 的四副本节点网络为例描述算法的具体过程。假设节点 0 为主节点，其余节点为从节点，坏节点(故障节点或问题节点)的数量为 f。首先，考虑当 $f=0$ 时，即没有坏节点情况下的共识过程，如图 3.8 所示。

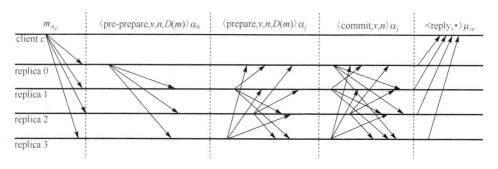

图 3.8   PBFT 共识过程($N=4, f=0$)

S1：客户端发送请求 m 到各个副本节点，当前视图的主节点 0 收到客户端请求后为该请求分配一个序列号 n，并向所有从节点广播 pre-prepare 消息 $\langle\langle\text{pre-prepare}, v, n, D(m)\rangle, m\rangle$。其中，$v$ 表示当前视图编号，D 表示消息内容的摘要。

S2：如果在节点 $i(i=1,2,3)$ 之前没有接收过编号 n 和 v 相同但摘要 D 不同的消息，并且序列号 n 在系统允许的区间范围内，请求的视图编号 v 和节点当前记录的视图编号相同，则节点 i 验证 pre-prepare 消息成功，接受主节点对请求 m 的分配，广播一个 prepare 消息 $\langle\text{prepare}, v, n, D(m)\rangle$，并将 pre-prepare 消息和 prepare 消息记录在自己的日志里。如果节点 i 发送了关于请求 m 的 pre-prepare 消息或 prepare 消息，就称请求 m 在节点 i 中处于 pre-prepared 状态。

S3：在一定时间范围内，如果副本节点 $i(i=0,1,2,3)$ 收到了至少 $2f+1$ 个来自不同节点(包括自身)的 pre-prepare 消息或 prepare 消息，则认为请求 m 在节点 i 中达到 prepared 状态。

S4：副本节点 $i(i=0,1,2,3)$ 广播 commit 消息 $\langle\text{commit}, v, n\rangle$ 来告知其他节点视图 v 下的编号为 n 的请求已在本地处于 prepared 状态。同样地，当节点 i 收到至少 $2f+1$ 个来自不同节点(包括自身)的 commit 消息时，请求 m 在节点 i 中达到 committed 状态。

S5：副本节点 $i(i = 0,1,2,3)$ 按照编号 n 由低到高的顺序执行请求并反馈给客户端，客户端收到来自 $f + 1$ 个节点的相同消息，意味着本轮共识正确完成。同时，节点 i 会丢弃时间戳小于记录里最新消息的时间戳的请求。

图 3.9 更加清晰地展示了一般情况下 PBFT 共识算法的流程和细节。

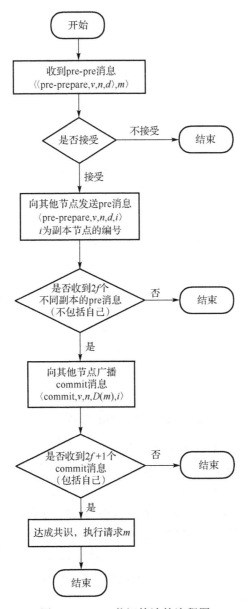

图 3.9　PBFT 共识算法的流程图

PBFT 共识要求网络节点总数 N 满足 $N \geqslant 3f + 1$，在前面的例子中，$N = 4$，从

而 $f \leqslant 1$，即能够容忍一个节点发生错误。显然，当主节点是好节点且有一个从节点是坏节点时，PBFT 共识能够保证网络健康、合法地运行。图 3.10 给出了节点 3 发生故障时的共识过程。

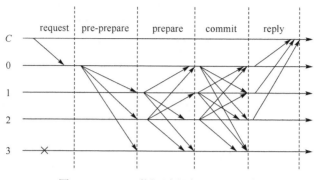

图 3.10　PBFT 共识过程（$N=4, f=1$）

而当主节点发生问题（超时或错误）时，就会触发视图更改（view change）事件。视图更改也是一个三阶段协议，包括 view-change、view-change-ack 和 new-view 阶段。继续考虑 $N=4$ 的场景，PBFT 视图更改协议如图 3.11 所示。

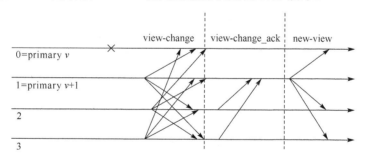

图 3.11　PBFT 视图更改协议

S1：当从节点 $i(i=1,2,3)$ 认为主节点有问题时，它会进入编号为 $v+1$ 的视图并广播 view-change 消息 $\langle \text{view-change}, v+1, n, C, P \rangle$。其中，$n$ 表示节点 i 的稳定检查点（stable checkpoint），C 包含节点 i 的检查点（checkpoint）及其摘要，P 是节点 i 中上一个视图 v 下编号大于 n 且到达 prepared 状态的请求的集合。当前存活的编号最小的节点 1 将成为新的主节点，并对应更新日志中的信息。

S2：节点 $i(i=2,3)$ 收集视图编号不大于 v 的 view-change 消息，然后发送 view-change-ack 消息 $\langle \text{view-change-ack}, v+1, i, j, D(\text{view-change}) \rangle$ 给主节点 1。其中，j 为 view-change 消息的发出者。

S3：主节点 1 不断收集 view-change 消息和 view-change-ack 消息。当收集到 $2f-1$ 个关于节点 j 的 view-change-ack 消息后，证明节点 j 的 view-change 消息合理，

再将该 view-change 消息存储在集合 S 中。

S4：主节点 1 收到 $2f$ 个来自其他节点的 view-change 消息后，广播 new-view 消息 $\langle \text{new-view}, v+1, S, O \rangle$ 以同步各个节点的状态。其中，O 是 pre-prepare 消息集合。其他节点验证 new-view 消息通过后，继续按照一般共识流程处理主节点发来的 pre-prepare 消息。

PBFT 视图更改协议的流程图如图 3.12 所示。

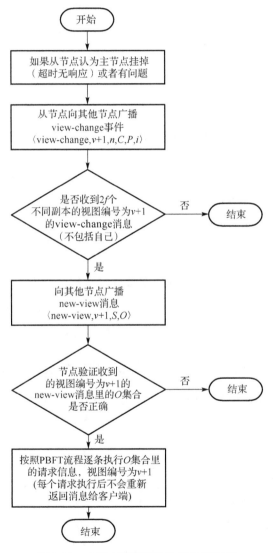

图 3.12　PBFT 视图更改协议的流程图

当触发视图更改事件时，各个副本节点可能收集到的是请求 m 在不同视图下的

prepare 消息，进而有可能存在 $2f+1$ 个节点无法达到 prepared 状态，此时各个节点不应执行请求 m。PBFT 共识引入 commit 阶段就是为了解决这个问题。

最后，介绍 PBFT 中的垃圾回收机制。副本节点执行完成请求之后，需要清除之前记录的相关日志信息。考虑到潜在的发生视图更改的可能性，一种简单的清除方案是，每执行完一条请求，该节点会再次广播，就是否可以清除信息在全网达成一致。基于这个思想，一个更好的优化方案是，每连续执行完成 K 条请求后，该节点向全网发起广播宣布已将这 K 条请求执行完毕，如果网络中大多数节点也都反馈执行完毕，则删除这 K 条请求的相关信息。其中节点 i 每执行完成 K 个请求的最新请求编号称作节点 i 的检查点，如果在检查点获得了至少 $2f+1$ 个节点（包括自身）的认同，就将第 K 条请求的编号记为节点 i 的稳定检查点，稳定检查点之前的请求信息都可以删除。

实际上，当副本节点 i 向全网发出 Checkpoint 共识后，其他节点可能并没有执行完这 K 条请求，所以节点 i 不会立刻得到响应。随着节点 i 的步伐越来越快，它的处理进度距其他节点越来越远。此时，引入高低水位的概念，用来表示系统允许节点处理的请求编号范围。对于节点 i 来说，它的低水位 h 等于其稳定检查点，高水位 $H=h+L$，其中 L 是可以人为选择的数值，一般是 Checkpoint 共识周期 K 的整数倍。设定节点 i 处理请求编号的高低水位之后，即使该节点的步伐很快，它处理的请求编号达到高水位 H 后必须暂停自己的脚步，直到其稳定检查点发生变化，它才能够继续向前。

PBFT 共识机制使得区块链系统可以脱离代币运转，共识节点由业务的参与方或监管方组成，共识时延为 2～5 秒，基本满足实时和高吞吐量性能需求。然而，PBFT 共识的通信代价为 $O(n^2)$。在容错性方面，PBFT 共识能够容忍不超过 $\frac{1}{3}$ 的节点错误。当有 $\frac{1}{3}$ 或以上的记账节点联合作恶且其他记账节点被分割为两个网络孤岛时，攻击者甚至能够使系统出现分叉，但是这种攻击方式会留下一定的密码学证据。

3.2.6　PoV 共识

PoV 共识是由北京大学深圳研究生院信息论与未来网络体系重点实验室[6]提出的一种能够支持上千个节点和十万级 TPS 的新型联盟链共识机制。通过分离投票权与记账权，由联盟成员共同投票做出去中心化的仲裁。其关键的思想在于利用联盟中不同身份等级的可信度为网络参与者建立安全身份标识，使得区块的提交和事务的验证均由联盟成员全体投票决议通过，无须集中式地信任某一成员机构。具体共识过程将在第 4 章详细介绍。

考虑到现有的区块链系统仅在共识层面强化了一致性、可用性和分区容忍性中的两个因素，并伴随第三个因素的大幅弱化，较 CAP 极限仍有距离。此外，在数据通信层面，对如何维护网络拓扑结构仍没有考虑，这带来了潜在的网络通信隐患和资源浪费。因此，本书提出了一种联盟链中满足分区容忍性的共识节点拓扑构造方法，使得联盟链共识在概率上满足分区容忍性，进而能够实现 CAP 三个因素的共存。

定义分区容忍概率为系统在发生分区故障时不满足一致性或可用性的概率，最小修复时间为系统在发生某种故障时能够修复部分信道使得系统满足一致性和可用性所需的最小时间。分别以多维超方形和多点全连接网络拓扑结构为例，在满足国家数字光缆可靠性指标的通信系统中，PoV 系统的分区容忍概率和平均最小修复时间理论值如图 3.13 所示。

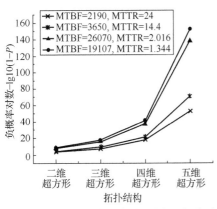

(a) 多维超方形网络拓扑结构的分区容忍概率

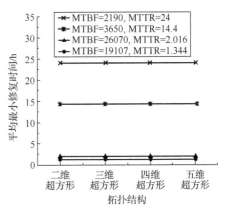

(b) 多维超方形网络拓扑结构的平均最小修复时间

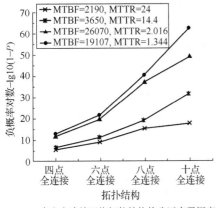

(c) 多点全连接网络拓扑结构的分区容忍概率

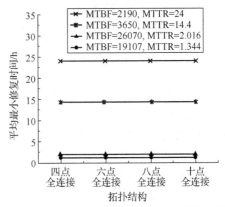

(d) 多点全连接网络拓扑结构的平均最小修复时间

图 3.13　PoV 系统分区容忍概率和平均最小修复时间[①]

---

① 平均故障间隔时间（mean time between failures，MTBF）；平均故障修复时间（mean time to repair，MTTR）；负概率对数：系统发生分区故障概率的对数负值。

本书将 PoV 算法应用于分布式系统、网络体系结构等领域,并申请了多项专利[7-16]。其与拟态存储日志系统结合以提高日志数据的安全性,与多标识网络体系管理系统结合以实现共管共治的系统方案将分别在第 6 章和第 7 章详细介绍。

3.2.7　CoT 共识

信任共识(consensus of trust,CoT)是由北京大学深圳研究生院信息论与未来网络体系重点实验室提出的一种基于节点之间信任关系的共识算法。通过在区块链中引入节点信任机制,根据节点之间交互的数据实现信任关系的量化。同时利用迭代算法计算节点信任值,基于信任值专业化记账节点,提高共识的效率和扩展性。CoT共识算法在信任度的基础上选择记账节点,不依赖代币,避免了记账权集中在少数有钱人手中。其具体共识过程将在第 5 章详细介绍。

3.3　主流区块链共识机制分类

根据区块链适用场景和不同共识机制对于节点许可和通信容错性的区别,可以把目前主流的共识机制分成三类讨论:完全去中心化的非许可共识机制、带许可的拜占庭容错变体的共识机制和基于传统分布式一致性算法的非拜占庭场景的共识机制。

1. 完全去中心化的非许可共识机制

完全去中心化共识机制是为区块链量身定做的共识协议。在生成区块的过程中,除了确保其安全性和实现货币发行机制,还存在着一个重要的过程,即以去中心化的方式来决定谁将会获得构建下一个被全网认可的区块的权利。一个纯粹的完全去中心化的共识机制必须保证成千上万个节点中有且仅有一个节点能够合法生成并发布区块。这些区块出现的时间间隔需要足够大,从而使得网络能够在每个区块之间达成共识。

在一个中心化的系统中,生成或广播区块几乎不消耗成本,直接指定一个节点每隔一段时间发布区块即可。但在一个去中心化的系统中,对等节点具有相同的生成区块的权利。如果生成和广播区块的成本基本为零,即使每个区块的奖励微薄,也足以激励节点的竞争挖矿行为。因此,完全去中心化的非许可共识机制需要对生成区块设置成本以提高其难度,既要给予对等节点相同的区块构建权利,也需要避免竞争记账带来的网络拥塞。完全去中心化的非许可共识机制一般适用于公有链中,节点无须取得许可即可自由进出网络,在点对点网络中实现完全去中心化的共识。代表的共识机制有 PoW、PoS、DPoS 等。

2. 带许可的拜占庭容错变体的共识机制

拜占庭将军问题正是比特币诞生时 PoW 机制所巧妙解决的问题。拜占庭假设是对现实世界的模型化，由于存在硬件错误、网络拥塞或断开以及遭受恶意攻击等状况，节点和网络可能会出现不可预料的行为。拜占庭容错算法要求必须能够处理这些恶意行为导致的后果，并且这些协议还要满足问题要求的规范。拜占庭容错算法通常以弹性 f 作为特征，即算法可以容忍的错误进程数。很多拜占庭容错算法只有在 $N \geqslant 3f+1$ 时才有解，其中 N 是系统中进程的总数。随着区块链技术的发展，共识机制的研究转向于对拜占庭容错算法的改进，以期在避免 PoW 共识带来的高能耗的同时实现点对点共识。但是至今为止，这一类中的大多数共识算法仍然存在规模受限的缺点。代表的共识机制有 PBFT、dBFT、PoV 等。PBFT 类共识过程的通信复杂度是共识进程数的平方 $O(N^2)$，故通常适用于进程数小于 100 的分布式场景。而 PoV 的特点是通信复杂度为共识进程数的常数倍 $O(3N_c)$，故可以支持成千上万个共识进程。

3. 基于传统分布式一致性算法的非拜占庭场景的共识机制

拜占庭容错算法及其变体主要解决了拜占庭场景下的共识问题，而传统的分布式一致性是在较为封闭的分布式集群中实现的，节点的参与需要得到许可。这类一致性算法的效率很高，但它仅考虑到节点宕机等故障，不考虑潜在的节点恶意攻击行为(伪造和攻击信息)。这一类主流使用 Paxos 和 Raft 两种算法，而这两种算法仍需要进行修改才能够适用于区块链系统。

不同的共识机制通过不同的妥协来使得分布式系统状态达成一致。PoW、PoS 和 DPoS 以牺牲外部资源(例如，PoW 的算力)为代价以换取一致性，常用于公有链；PBFT 与 dBFT 通过多阶段提交和确认来换取一致性；Paxos 与 Raft 通过限制权限和设置可信环境来换取一致性与安全性。此外，针对三类共识机制所代表的主流共识机制，其特征对比如表 3.1 所示。

表 3.1　主流共识机制特征对比表

共识分类	非许可共识机制	带许可的拜占庭容错变体的共识机制	非拜占庭场景的共识机制
主流算法	PoW PoS DPoS	PBFT dBFT PoV CoT	Paxos Raft
去中心化程度	强	中	弱
适合链的分类	公有链	公有链/联盟链/私有链	联盟链/私有链
身份验证	无须审核	需审核	需审核
是否需要 token	需要	可以脱离 token	不需要
节点可否自由进退	是	分节点身份角色	分节点身份角色
一致性	有	有	有

续表

共识分类	非许可共识机制	带许可的拜占庭容错变体的共识机制	非拜占庭场景的共识机制
可验证性	有	有	有
可支撑网络规模	大	中	中
可监管性	差	中	强
性能效率	时延高、吞吐量小	时延低、吞吐量大	时延低、吞吐量大
有无最终性	无	可以有	有
资源消耗	大	小	小
容错性	允许服务器故障，允许不超过 50%算力的共识节点作恶	允许服务器故障，允许作恶节点，不同算法容错度有差异	允许宕机出现，不允许有作恶节点

3.4　区块链共识机制评估

基于 3.2 节介绍的主流共识机制，许多区块链系统都根据自身的场景需求设计了各具特色的共识机制。本节将简要介绍图 3.14 列出的区块链系统及其使用的共识协议，包括基于 PoW 的共识协议、在此基础上的 PoX 类共识协议，以及由经典共识组合或变体而成的混合共识协议，并对它们进行评估比较。

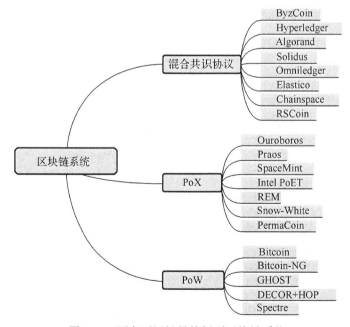

图 3.14　面向不同场景的新型区块链系统

1. 基于 PoW 的共识协议

目前比特币系统的区块大小限制为 1MB，理想的平均出块时间为 10 分钟，其性能并不能满足绝大多数应用场景。为了获得更具鲁棒性和可扩展性的系统，开发者提出了一些基于 PoW 的新型共识协议。

GHOST[17]在比特币系统的基础上，利用侧链区块以实现更高的交易速率。与比特币的线性链状结构不同，GHOST 在树状结构中组织区块，树的形状由成功的矿工选择延伸的区块决定。其中，区块的权重取决于其子树的密度，节点选择总权重最大的路径为主链。

Bitcoin-NG 采用了比特币系统的信任模型，同时通过将比特币系统的操作分解为领导者选举和交易序列化(即将交易写入区块链)两个部分来改善性能。它将时间划分为新片段，每一个片段都有单独的领导者。在比特币系统中，领导者选举是由 PoW 随机执行的，系统在两次领导者选举的间隔片段内处于冻结状态。然而 Bitcoin-NG 中领导者可以在其所属片段内继续向区块链写入交易，直到选出新的领导者。这使得系统延迟仅受网络传播延迟的限制，并且带宽仅受节点处理能力的限制。

Spectre[18]使用 DAG 结构代替线性链状结构，并允许矿工同时挖掘区块，从而提高系统性能。闪电网络是一种针对可扩展性的链下解决方案，交易各方可以在各自的共识路径上执行交易，只需将交易的最终状态提交给区块链。

此外，为了减少合并挖矿协议对于区块链去中心化特性的破坏，DECOR + HOP[19]允许矿工在生成竞争块时分享利润以促进挖矿公平。同时采用区块头优先传播机制，节点在收到区块头后试图从已接收的交易中重构整个区块，从而提高系统性能。

2. 基于 PoX 的共识协议

PoW 共识存在功耗密集、没有外部效用、易于导致集中化等缺点，这推动了基于 PoX 的新一类共识协议的发展。该类协议通常使用来自公共可访问资源的有用工作代替单纯的算力浪费或者完全删除计算工作。

Ouroboros[20]系统基于 PoS 共识，从权益拥有者中随机选出一个子集作为一个时间片段的参与者。参与者运行多方投币协议以商定随机种子，并以参与者拥有的权益比例为概率随机地选一个领导者。这个随机种子也被用于选择下一时间片段的参与者。无论是否当选领导者，所有参与者都平分奖励。

Praos[21]在继承 Ouroboros 的激励机制的基础上，参与者使用可验证的随机函数(verifiable random function，VRF)生成随机数。如果随机数低于阈值，则表示参与者已被选为领导者，并将区块与 VRF 生成的相关证据一起广播到网络中。

Snow-White[22]使用与 PoS 类似的领导者选举机制，其 Hash 原像的目标值由每个参与者的权益数量决定。但是，参与者在每个时间步骤只能计算一个 Hash 值(假设访问弱同步时钟)。

PermaCoin[23]系统基于容量证明共识，将 PoW 共识扩展用于更广泛有用的分布式存储系统中。PermaCoin 系统的参与者都需要存储一个大文件的片段，该文件由签署文件块的权威经销商(dealer)负责分发。在经销商发生故障时，可以从参与者中完全恢复文件。为了防止参与者将文件存储外包给外部提供商导致的集中化问题，PermaCoin 要求以伪随机顺序对块进行顺序读取访问。这在外包存储的情况下直接增加了带宽延迟，降低了外部提供商挖矿成功的概率。

Intel PoET[24]使用 Intel SGX 中的可信 encalve 区域，参与者向各自的 encalve 请求等待时间，并选择最短等待时间的芯片作为领导者。新当选的领导者在新区块后附上证明：自己有最短的等待时间以及在等待时间到期之前自己没有广播该区块。

REM[25]使用 SGX 随机数生成器生成一个随机数，并寻找一个小于当前难度的值。由于在每个指令之后执行这一过程所付出的代价会比较大，所有的指令会被分成多个批次，形成一些子任务，然后运行一次随机数生成器，寻找小于按照计数指令数加权的目标批次。

3. 混合共识协议

单一共识协议存在性能低、一致性弱和容错能力差等缺点，进而促进了混合共识协议的发展。

在 ByzCoin[26]，共识委员会是由近期矿工形成的动态窗口。每个矿工的投票权与其当前窗口中挖到的区块数量成正比。ByzCoin 将共识委员会构成一个以最新矿工(领导者)为根的通信树。领导者运行 PBFT 使得所有成员就下一个区块达成一致。但是，它用一种可扩展的集体签名(CoSi)原语取代了 PBFT 的 MAC 认证广播通信，将消息复杂度由 $O(n^2)$ 降低到 $O(n)$。

Solidus[27]对共识委员会的更新与 ByzCoin 类似，但加入共识委员会的新矿工只能提出一次交易。此外，Solidus 使用 Paxos 风格的领导者选举，其中级别较高的领导者可以打断级别较低的领导者。

Algorand[28]使用加密抽签从候选人中选择共识委员会成员，具体策略是各候选人以各自的密钥作为输入运行一个可验证的随机函数，并查看输出是否低于某个值，从而判断自己是否属于下一轮的共识委员会。这确保了参与者无法提前预知共识委员会成员。当选为共识委员会成员的用户进一步执行 BA*共识协议，并在消息中附上必要的信息以允许其他成员检查其身份。

Omniledger[29]由一条身份链以及多个分片子链构成，通过 RandHound 协议将所有的验证者分成不同组，并随机地将这些组分配到不同的分片子链来进行区块验证和共识。

在 RSCoin[30]中，中央银行控制所有货币供应，而由银行授权的 mintette 负责验证交易的子集(分片)。客户端首先获得大多数管理交易输入的 mintette 的签名认证，然后将交易和签名认证发送到管理交易输出的 mintette。mintette 检查交易的有效性，并验证输入 mintette 的签名以避免双花。如果检查通过，则将其写入区块链的下一个块中。

Chainspace[31]抽象了共识委员会重配置的细节，并且通过智能合约来决定共识委员会的节点分配策略。节点可以由全体共识委员会成员通过多数投票 $(2f+1)$ 加入或退出共识委员会。

在 Peercensus[32]中，共识委员会成员就节点是否可以通过网络访问达成共识，从而决定节点是否能够加入委员会。委员会成员使用故障检测器(例如，通过定期发送 ping 消息)来检测成员的状态，如果一个成员发现另一个成员无法访问，则发起提议从委员会中删除该节点，并在全体成员集体决策后更新共识委员会成员名单。

对上述区块链共识机制的评估比较见表 3.2。

表 3.2　区块链共识机制的评估比较

区块链系统		代码开源	共识资源	强一致性	安全性		性能			
					抗 DoS 攻击	敌手模型	吞吐量	可扩展性	时延	实验环境
混合共识协议	ByzCoin	✓	PoW	✓	◑	33%	1000 tx/s①	✗	10~20s①	Real
	Solidus	✗	PoW	✓	◐	33%	—	—	—	—
	Algorand	✗	Lottery	✓	●	33%	90 tx/h②	✗	40s②	Real
	Hyperledger	✓	Permissioned	✓	●	33%	110k tx/s③	✗	<1s③	Real
	RSCoin	✓	Permissioned	✓	●	33%	2k tx/s④	✓	<1s④	Real
	Elastico	✗	PoW	✓	●	33%	16 blocks in 110s⑤	✓	110s for 16 blocks⑤	Real
	Omniledger	✗	PoW/ PoX	✓	●	33%	10k tx/s⑥	✓	≈1s⑥	Real
	Chainspace	✓	Flexible	✓	◑	33%	350 tx/s⑦	✓	<1s⑦	Real
PoX	Ouroboros	✗	Lottery	✗	●	50%	257.6 tx/s⑧	✗	20s	Simulation
	Praos	✗	Stake	✗	◑	50%	—	—	—	—
	Snow-White	✗	Stake	✗	◑	50%	100~150tx/s⑨	✓	—	Simulation
	PermaCoin	✓	PoW/ PoR⑩	✗	●	50%	—	✗	—	—
	SpaceMint	✓	PoS	✗	●	50%	—	✗	600s	Simulation
	Intel PoET	✓	TH⑪	✗	●	TH	1000 tx/s	✗	—	Real
	REM	✗	TH	✗	●	TH	—	✓	—	Real
	PoV	✗	Vote	✓	●	50%	—	✓	—	Simulation
	CoT	✗	Trust	✗	●	33%	—	✓	—	Simulation

续表

区块链系统		代码开源	共识资源	强一致性	安全性		性能			
					抗 DoS 攻击	敌手模型	吞吐量	可扩展性	时延	实验环境
PoW	Bitcoin	✓	PoW	✗	●	50%	7 tx/s	✗	600s	Real
	Bitcoin-NG	✗	PoW	✗	◐	50%	7 tx/s	✗	<1s	Simulation
	GHOST	✗	PoW	✗	●	50%	—	✗	—	—
	DECOR + HOP	✗	PoW	✗	●	50%	30 tx/s⑧	✗	60s	Simulation
	Spectre	✗	PoW	✗	●	50%	—	✗	—	—

① 144 nodes/committee.

② 50k nodes/committee.

③ 4 nodes/committee (corresponding to BFTSmart).

④ 3 nodes/committee. 10 committees.

⑤ 100 nodes/committee. 16 committees.

⑥ 72 nodes/committee (12.5% adversary). 25 committees.

⑦ 4 nodes/committee. 15 committees.

⑧ 1 minute average interval; 1 block = 1 MB.

⑨ 40 nodes.

⑩ proof-of-retrievability.

⑪ Trusted Hardware.

3.5　本 章 小 结

PoW 共识直接让比特币成为现实并投入使用，而 PoS 共识主要是从经济学角度进行创新。由于专业矿工和矿机的存在，社区逐渐对 PoW 这个标榜去中心化的算法有了实质性的中心化担忧。这之后又出现了 DPoS 共识，这种算法不需要消耗太多额外的算力来进行矿池产出物的权益分配。但是，DPoS 并不能完全意义上单独替代 PoW、PoS 或者 PoW＋PoS，每种算法都在特定的时间段中有着各自的考虑和意义。

随着区块链技术的发展，越来越多的新型共识算法被提出。回望区块链共识算法的发展路径，我们发现，考虑到区块链落地的业务需求，区块链项目的交易速度越来越快，从最开始 PoW 共识的 10 分钟验证一笔交易到当前很多区块链项目都宣称可以实现秒级验证。从技术角度来说，区块链共识正在朝着验证速度越来越快、安全性能要求越来越高和资源消耗越来越小的方向发展。

最后，共识算法的选择与应用场景高度相关：可信环境中可以使用 Paxos 或 Raft，带许可的联盟可以使用 PBFT，非许可链或完全去中心化的公有链可以选用如 PoW、PoS 和 RPCA 等共识算法。根据对手方的信任度分级，自由选择共识机制，这样才能达到真正意义上的最优共识。

参 考 文 献

[1] Fischer M J, Lynch N A, Paterson M S. Impossibility of distributed consensus with one faulty process. Journal of the ACM, 1985, 32(2): 374-382.

[2] 工业和信息化部信息中心. 2018 年中国区块链产业白皮书, 2018.

[3] Eyal I, Gencer A E, Sirer E G, et al. Bitcoin-Ng: A scalable blockchain protocol. The 13th USENIX Symposium on Networked Systems Design and Implementation, Santa Clara, 2016: 45-59.

[4] Douceur J R. The sybil attack. International Workshop on Peer-to-Peer Systems, Berlin, 2002: 251-260.

[5] 工业和信息化部信息化和软件服务业司. 中国区块链技术和应用发展白皮书, 2016.

[6] Li K, Li H, Hou H, et al. Proof of vote: A high-performance consensus protocol based on vote mechanism and consortium blockchain. The 2017 IEEE 19th International Conference on High Performance Computing and Communications, Bangkok, 2017: 466-473.

[7] Li H, Wang X, Lin Z, et al. Systems and methods for managing top-level domain names using consortium blockchain: U. S. Patent Application 10/178069. 2019-01-08.

[8] Li H, Li K, Chen Y, et al. Determining consensus in a decentralized domain name system: U. S. Patent Application 15/997710. 2018-11-22.

[9] 李挥, 李科浇, 黄健森, 等. 一种基于投票的共识方法: PCT/CN2018/090453. 2018-06-08.

[10] 李挥, 王贤桂, 王菡, 等. 一种基于信任关系的区块链共识方法: PCT/CN2017/088355. 2018-05-25.

[11] 李挥, 邬江兴, 张昕淳, 等. 一种支持多模标识网络寻址渐进去 IP 的方法、系统及存储介质: PCT/CN2019/073507. 2019-01-28.

[12] 李挥, 张昕淳, 邬江兴, 等. 基于联盟链投票共识算法产生及管理多模网络标识的方法及系统: PCT/CN2018/119723. 2018-12-07.

[13] 李挥, 黄健森, 王贤桂, 等. 一种融合区块链技术拟态存储防篡改日志的方法及系统: PCT/CN2018/109007. 2018-09-30.

[14] 李挥, 李科浇, 陈永乐, 等. 一种用于去中心化域名系统的共识方法: PCT/CN2017/084431. 2017-05-16.

[15] 李挥, 王菡, 邬江兴, 等. 一种联盟链共识下满足分区容忍性的拓扑构造方法及系统: PCT/CN2019/075547. 2019-02-20.

[16] 李挥, 王菡, 邬江兴, 等. 一种用于多模标识网络隐私保护与身份管理的方法及系统: PCT/CN2018/119724. 2018-12-07.

[17] Sompolinsky Y, Zohar A. Accelerating bitcoin's transaction processing. Fast money grows on

trees, not chains. IACR Cryptology ePrint Archive, 2013: 881.

[18] Sompolinsky Y, Lewenberg Y, Zohar A. SPECTRE: A fast and scalable cryptocurrency protocol. IACR Cryptology ePrint Archive, 2016: 1159.

[19] Lerner S D. DECOR+ HOP: A scalable blockchain protocol. https://scalingbitcoin.org/papers/DECOR-HOP.pdf. [2018-11-05].

[20] Kiayias A, Konstantinou I, Russell A, et al. A provably secure proof-of-stake blockchain protocol. IACR Cryptology ePrint Archive, 2016: 889.

[21] David B M, Gazi P, Kiayias A, et al. Ouroboros Praos: An adaptively-secure, semi-synchronous proof-of-stake protocol. IACR Cryptology ePrint Archive, 2017: 573.

[22] Bentov I, Pass R, Shi E. Snow white: Provably secure proofs of stake. IACR Cryptology ePrint Archive, 2016: 919.

[23] Miller A, Juels A, Shi E, et al. Permacoin: Repurposing bitcoin work for data preservation. IEEE Symposium on Security and Privacy, San Jose, 2014: 475-490.

[24] Hyperledger. Sawtooth. https://intelledger.github.io/introduction.html. [2018-10-15].

[25] Zhang F, Eyal I, Escriva R, et al. REM: Resource-efficient mining for blockchains. The 26th USENIX Security Symposium, Vancouver, 2017: 1427-1444.

[26] Kogias E K, Jovanovic P, Gailly N, et al. Enhancing bitcoin security and performance with strong consistency via collective signing. The 25th USENIX Security Symposium, New York, 2016: 279-296.

[27] Abraham I, Malkhi D, Nayak K, et al. Solidus: An incentive-compatible cryptocurrency based on permissionless Byzantine consensus, 2016, arXiv: 1612. 02916.

[28] Gilad Y, Hemo R, Micali S, et al. Algorand: Scaling Byzantine agreements for cryptocurrencies. Proceedings of the 26th Symposium on Operating Systems Principles, Shanghai, 2017: 51-68.

[29] Kokoris-Kogias E, Jovanovic P, Gasser L, et al. OmniLedger: A secure, scale-out, decentralized ledger. IACR Cryptology ePrint Archive, 2017: 406.

[30] Danezis G, Meiklejohn S. Centrally banked cryptocurrencies, 2015, arXiv: 1505. 06895.

[31] Al-Bassam M, Sonnino A, Bano S, et al. Chainspace: A sharded smart contracts platform. Proceedings of the Network and Distributed System Security Symposium (NDSS), Sydney, 2017, arXiv: 1708.03778.

[32] Decker C, Seidel J, Wattenhofer R. Bitcoin meets strong consistency. Proceedings of the 17th International Conference on Distributed Computing and Networking, Singapore, 2016: 13.

第 4 章 基于投票证明的共识算法——PoV

本章主要介绍一种适用于联盟链的高效、新颖的基于投票证明(proof of vote，PoV)的区块链共识算法[1, 2]。

4.1 算 法 思 想

相较于无许可、可自由进入且不受监管的公有链和被单个组织严格控制、中心化的私有链，联盟链是在两种场景中折中的一个选择。联盟链偏向于运行在同业或同目的的不同机构或组织之间，目的是降低机构与机构之间沟通和联络的成本，同时提升业务合作的效率。联盟链的初衷是让不同组织联合在一起，以实现强关联性的协同价值以及联盟内部的去中心化，从而实现联盟链系统的部分去中心化。联盟链通常都会有严格的身份许可限制，对安全隐私的保护限于系统内部，对系统吞吐量和时延的要求较高。一般而言，联盟链中参与共识的节点均需要进行身份验证。更重要的是，联盟成员作为系统中的服务提供方，联合起来对外提供服务，需要对其中的数据和运行情况有充足的掌控权。如果出现异常状况，联盟可以通过协商启用监管机制，并实施一定的治理措施对系统的恶意攻击行为做出跟踪惩罚或对已造成的数据破坏做出进一步的治理补偿，以减少损失。

PoV 共识机制主要面向的就是联盟链场景，依靠少数服从多数的黄金准则保持组织行动的统一，实现多方参与的良好合作。PoV 共识主要应用于全球各地区的企业或者机构等组成的联盟共同维护的联盟链系统，在此联盟链上开发的应用可以服务于全球网络的终端用户。

为了更好地阐述 PoV 的核心思想，下面引入一个简单的应用场景。假设在任意位置有三家银行 A、B 和 C 以及两名客户 A 和 B，每个银行通过自己的系统跟踪记录余额与借贷关系。

在图 4.1 中，相同的一笔交易在不同银行中被各自独立开发、运行和维护的系统所记录。扩展到其他领域，这种情况会造成更多的副本，其中的联系和转换规则错综复杂。对于银行来说，不同系统的工作方式之间的差别使得银行自身的验证、错误排查和清算变得更加复杂；对于客户来说，他不仅要花费时间分别管理和结算在不同银行的资金，还要相信银行有足够的偿还能力和系统安全能力以保证自己的资金不会有被毁或者被窃的风险。可以发现，传统的资金清算无论对于服务的提供方——银行，还是服务的消费方——客户都存在着诸多的弊端和不便。

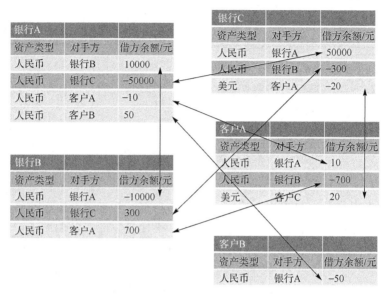

图 4.1　传统清算账本

区块链技术可以很方便地解决上述资金清算问题，只使用一个分布式账本即可记录图 4.1 的 5 个表格中所有的交易记录，而不是由每个银行持有一部分（不完整）的记录，分布式账本如图 4.2 所示。

发行人	持有人	资产类型	数量
银行A	银行C	人民币	50000
银行A	客户A	人民币	10
银行B	银行A	人民币	10000
银行C	银行B	人民币	300
银行C	银行A	美元	20
客户A	银行B	人民币	700
客户B	银行A	人民币	50

图 4.2　分布式账本

如果能够维持一个分布式账本，任何银行都可以很轻易地从这个超级表格里面导出自己需要的完整记录，同时客户也可以方便地计算出自己的余额，而不需要额外整合不同系统中的数据。但是这样的问题在于，应当由谁来维护这个表格，即拥有记账权？显然，若交给一个第三方中介代理去整合数据，银行就失去了存在的意义，而且一旦第三方发生故障，将对这个以资本运作为血液的世界造成不容忽视的影响；若交给任何一家银行作为银行的首领或成立一个世界银行来整合数据,不仅会使得系统负荷过于集中,同时也会引起其他银行的意见。引入区块链技术可以彻底抛开第三方中心,让这个超级表格得以大范围地复制到每个银行,在业务处理上极大程度地分流了集中化整合带来的负荷和压力,同时也消除了单点故障的问题。

这是一个很典型的适用联盟链的场景,银行的身份依然是资金管理方,客户只是这个清算系统的消费者。在这种情况下,部分去中心化实际上体现在银行组成的联盟委员会作为整个区块链清算系统的中心,同时在各个独立的银行之间需要实现去中心化。显然,每家银行都需要对账本上数据的正确性进行验证,而最好的验证共识就是投票机制。在联盟场景下,最好的统一行动的方式就是在权威代表群体中实现少数服从多数。因此,PoV 算法考虑采用分离投票权和记账权的顶层设计思想,如图 4.3 所示。每个银行都有投票和验证的权利,但记账权则开放给自由竞争的类似矿工的节点,由专业记账团队以随机顺序轮流记账,不受任何一家银行操控。

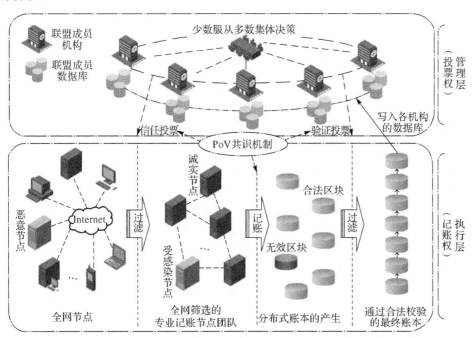

图 4.3 PoV 中的投票权和记账权分离思想

为了避免记账节点数量不定而导致的记账权过分集中或分散的情况,需要对记账节点的数量做出一定限制。PoV 共识通过投票方式竞选出每一轮的记账节点,记账节点在一定的任职周期内收集交易事务并记入账本,未能入选的记账节点则作为候选人等待下一轮竞选。普通用户想要加入记账团队则需要先成为候选人,为了减少记账团队的恶意行为，候选人必须获得某个银行的推荐信且获得大部分银行的统一验证方可通过验证。

此外，为了让所有参与方共同保障账本的安全，联盟链中的每个节点都有唯一的公私钥标识其身份。

4.2　网　络　模　型

PoV 共识算法运行在 P2P 网络上，本节将详细分析其网络模型，首先对共识问题进行描述，继而给出 PoV 算法的安全假设和威胁模型，最后对网络节点的身份模型展开讨论。

4.2.1　问题描述

在联盟链网络中，假设同时存在两种节点，一种是具有特殊身份的组建网络的联盟节点，使用商用处理器(commercial server，CS)，其他的节点使用的是普通服务器(personal computer，PC)。网络中存在规模为 n 的具有相同计算能力和安全防御能力的普通处理器集 $PCSet = \{PC_0, PC_1, \cdots, PC_i, \cdots, PC_{n-1}\}, 0 \leq i < n$，同时存在规模为 m 的计算能力强且系统安全设置完备的商用处理器集 $CSSet = \{CS_0, CS_1, \cdots, CS_j, \cdots, CS_{m-1}\}, 0 \leq j < m$，其中普通处理器集能够容忍 f_n 个拜占庭错误，商用处理器集能够容忍 f_m 个拜占庭错误。

节点内存中保留的未写入区块的有效事务数据用 T(transaction)表示，节点内的事务组成了事务集 TSet。网络接收和转发所有有效的事务，并将合法的事务添加到区块中。用编号 h 表示区块的高度，$tx_h(i)$ 表示块 h 中的事务 i，$tx_h(i) \in TSet$，所有的处理器都可以通过访问一个约定函数 $C: TSet \rightarrow \{0,1\}$ 来确定每笔交易的有效性。PoV 共识运行在所有的 PC 和 CS 之间，使得某个处理器可以将未处理的有效事务数据 $\{T_j | 1 \leq j \leq |TSet|\}$ 序列化输出为 TSet 的某一个合法子集 $\{tx_h\} = \{tx_h(i) | 1 \leq i \leq |tx_h|\}$，即生成块 h，并满足以下条件。

(1)可监管性：PC_i 进程初始化时可向 CS_j 请求同步合法事务集 $\{\{tx_0\}, \{tx_1\}, \cdots, \{tx_h\}, \cdots\}$，若系统中出现审计节点，审计节点也可通过向 CS_j 申请数据，并向其他 CS 同时申请合法事务集以验证事务集的一致性并获取最完整的事务集，PCSet 生成的 $\{tx_h\}$ 需要经过 CSSet 的一定规则的校验，CSSet 对 $\{\{tx_0\}, \{tx_1\}, \cdots, \{tx_h\}, \cdots\}$ 的生成和校验有绝对的权力。

(2)高效性：假设合法事务集合生成的时间可以通过属性 timestamp 获取，$\{T_j | 1 \leq j \leq |TSet|\}$ 序列化为 $\{tx_h(i) | 1 \leq i \leq |tx_h|\}$，并同步到 PCSet 和 CSSet 所耗费的时间，表示为区块生成时延 $\Delta t = \{tx_h\}.timestamp - tx_h(i).producetime$，它的平均值越小

越好，尽量控制在秒级内，只受网络带宽影响。同时，系统吞吐量表示为单位时间内生成的合法事务集内的事务总数 $\sum |\{tx_h\}|$，吞吐量越大，系统的效率越高。

(3)低耗性：单位时间内，CSSet 和 PCSet 中处理器消耗的电力损耗 Power、处理器运作的寿命损耗、机器机械部件的折旧及机柜和供电设备(CSSet 可能会配备，PCSet 不一定)损耗 Consumption 总和较少，其中指的是比值 $\dfrac{\text{Power}}{\text{Consumption}}$ 较小。

(4)高容错性：系统能够允许一定比例的拜占庭攻击节点存在，即 $P(\text{bad CS}) = \dfrac{f_m}{m} > 0$ 且 $P(\text{bad PC}) = \dfrac{f_n}{n} > 0$，由于联盟节点所控制的 CSSet 是联盟链系统的服务提供者且用安全设置较完善的商用处理器，因此 CS 被攻击者控制的可能性远远小于 PC 被攻击者控制的可能性，即 $P(\text{bad CS}) \ll P(\text{bad PC})$，所以联盟链共识允许 CS 的容错能力较差一些。PoV 共识机制可以容忍 $P(\text{bad CS})$ 最高达到 50%，$P(\text{bad PC})$ 最高达到 $\dfrac{n-1}{n}$。

(5)共识性：存在时间差函数 $\Delta(\cdot)$ 满足，给定 $0 < \varepsilon < 1$，t 时刻两个节点返回不同的 $t - \Delta(\varepsilon)$ 时刻状态的概率小于 ε，即认为不同节点之间状态一致。

(6)合法性：合法事务集必须满足特定的约束函数 C，例如，对任意 $i \in \{1, \cdots, k\}$ 和 $tx_h(i) \in \{tx_h\}$，$C(tx_h(i)) = 1$。在区块链问题中，事务集作为约定的输入值，必须首先满足内部的检验函数 C_i。考虑到此节点可能是拜占庭节点，因此同时也要求检查约定的输入值是否满足外部指定的约束函数 C_o。

(7)终止性：存在时间差函数 $\Delta(\cdot)$，给定 $\varepsilon(0 < \varepsilon < 1)$，使得一个节点在时间 t' 和 t''($t'' > t' + \Delta(\varepsilon)$)这两个时刻返回的状态不同的概率小于 ε，即同一节点的共识过程可以在有限时间内完成。对于 PoV 共识，假设节点收到的最新事务集是 $\{tx_h\}$，节点收到来自两个节点在同一时刻返回的 $\{tx_{h1}\}$ 和 $\{tx_{h1}\}'$ 不同的概率小于 ε，且 $\{tx_{h2}\}$ 和 $\{tx_{h2}\}'$ 不同的概率等于 0，即只需一个区块的确认即可达到区块的最终性。

4.2.2　安全模型

PoV 共识算法运行在一定的安全模型下。其中，联盟链底层网络的安全假设如下所示。

(1)在 PCSet 和 CSSet 中，诚实的处理器之间的网络图是连接的，也就是说，诚实的处理器不会被隔离在两个以上的网络分区中，拜占庭处理器则不作此要求。

(2)诚实处理器之间的通信采用同步网络模型，当诚实的处理器 A_1 向诚实的处理器 A_2 发送消息时，考虑网络延时和各个地区不同的上传下载速度，A_2 不一定能

同步收到来自 A_1 的消息,但处理器 A_2 可以在 δt 秒内收到此消息。时间 δt 是有限的,表示端对端的消息延迟界限。

(3)点对点网络中的诚实处理器的时间与网络时间协议(network time protocol,NTP)服务器时间保持同步,当节点宕机重启或新加入网络时,将首先保证处理器的时间与 NTP 服务器同步,也就是保持和底层区块链的时间一致。

联盟链系统中处理器的安全假设如下所示。

(1)联盟链系统同时存在 m 个商用处理器 CS 和 n 个普通处理器 PC,其中商用处理器集中允许存在 f_m 个拜占庭节点,普通处理器集中允许存在 f_n 个拜占庭节点。

(2)现实世界中,联盟节点一般为大型公司,拥有独立或云端的大型商用服务器集群,因此可以认为,商用处理器在安全性和计算能力上都远远强于普通处理器,其被恶意控制的可能性也较低,即 $\dfrac{f_m}{m} \ll \dfrac{f_n}{n}$。

(3)理论上,允许不超过 50%的联盟节点被拜占庭攻击者控制,允许不超过 $(n-1)$ 个普通节点被拜占庭攻击者控制。

此外,还有一些其他安全假设和威胁模型如下所示。

(1)拜占庭处理器的行为可以是任意恶意的,例如,不遵循协议、丢弃有效事务、忽略其他处理器发送的消息、伪造消息和伪造事务等。

(2)拜占庭攻击者可以发起双花交易、自私挖矿和女巫攻击等攻击。

(3)假设散列函数和加密算法是不能被破解的,这意味着拜占庭处理器没有足够的算力来伪造签名和证书。

4.2.3　身份模型

联盟链作为区块链的场景之一,采用了基于 P2P 的网络架构,不存在单节点的服务端和中央化服务,但联盟节点组成的网络可以认为是系统中的弱中心,是支撑系统运行的重要组成部分。虽然 P2P 网络中各个节点为对等节点且以任意方式连接,但根据所提供功能的不同,各个节点的分工不一样,每个节点都具有一定的身份和账号,独立拥有公私密钥对和数字证书,在不同身份节点的协作下,可以实现区块链写入的有序性以及网络中节点数据的一致性。在 PoV 的共识设计中,将节点分为四种角色:委员(commissioner)、管家(butler)、管家候选人(butler candidate)和普通用户(ordinary user),并允许一定程度上的角色兼任,如图 4.4 所示。

1. 委员节点

委员节点是联盟委员会内的联盟成员,来自全球不同地区的企业或机构组成联盟委员会,期望共同维护一条联盟链。在联盟中,新加入的委员节点必须通过联盟

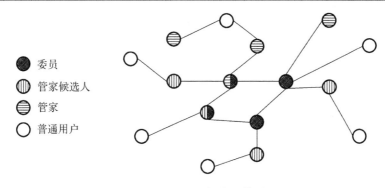

图 4.4　PoV 网络身份模型

合约接受，或通过线下联盟商议决定，并在联盟链网络中对应为一个委员节点，使用商用服务器(CS)在网络中提供服务。委员节点具有如下特点。

(1)委员节点拥有推荐、投票和评价管家节点(记账人)的权利。

(2)委员节点拥有验证区块，并对事务数据进行表决和网络转发的义务。

(3)每个委员节点的权利和义务默认相同，地位平等。在实际应用中，可以按照对应联盟机构在联盟中的权益设定投票权重。

(4)在联盟链网络中使用 PoV 共识产生一个区块后，有效区块的事务必须得到50%以上委员节点的赞同票，这代表全体委员节点的意愿。

2. 管家节点

管家节点即联盟链里的专业记账人，被联盟授予专门生产区块的权力，它的数量是有限的。管家节点的作用可以认为是传统共识算法中的代表节点，但与传统算法不同，管家节点的权限受到联盟中重要委员节点的监管和表决。管家节点的出现意味着表决权和执行权的分离，委员节点不具有生产区块的权利，把这项工作交给了管家节点。区块是由联盟链中收集的数据封装而成的，管家节点需要给自己封装的区块签名。成为一名管家节点需要经过两个步骤。

S1：申请成为管家候选人节点。

S2：参与每轮任期末的竞选活动，管家候选人节点接受所有委员的投票，竞争成功则当选为管家节点。

管家节点在任期里以随机顺序轮流产生区块，任职期满后接受重新选举。委员节点可以同时拥有委员和管家的双重身份。

3. 管家候选人节点

系统为每轮竞选成功的管家节点进行编号 $\{0,1,2,\cdots,n-1\}$，为了保证共识流程运行的稳定性，管家节点的总数被限定为常数。想要成为管家节点必须首先成为管家候选人节点，参与每一轮的竞选，并接受委员的投票。竞选失败的候选人保留管家候选人节点的身份，继续保持在线，等待下一轮的选举。从普通节点变成管家候选人节点必须经过三个步骤。

S1：在联盟链系统中注册一个用户账号并向某个委员节点发送成为管家候选人节点的申请。

S2：需要提交至少一个委员节点签名的推荐信（通过密钥加密），签名的委员节点审核并担保此管家的身份信息校验无误。推荐信由委员节点在客户端中通过调用函数生成，实现方式为非对称加密。私钥加密推荐信内容，用公钥解密后，即可验证推荐信是否伪造。

S3：交付押金后，即可成为管家候选人节点。委员节点可以同时拥有委员和管家候选人的双重身份，通过自荐的方式申请加入。

4. 普通用户节点

以上三种节点均采用密码学技术来认证他们的身份，需要对自己发送的操作消息的散列值进行签名。而普通用户节点具有如下特点。

(1)无须接受身份认证，普通用户节点的行为可以是任意的和匿名的，在具体落地应用过程中，可能会根据联盟链系统的配置要求用户实名化，也可能使用加密函数隐藏用户交易过程中的身份信息，同时可通过联盟节点追溯每笔交易事务的来源。

(2)可以随时加入或者退出网络。

(3)不能参与区块的产生过程，只能参与区块分发和共享的过程。

(4)为联盟链转发消息，并且可以看到完整的共识过程，同时享受着联盟链提供的服务。

PoV 角色转换图如图 4.5 所示。

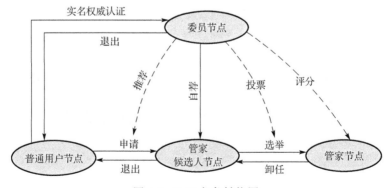

图 4.5　PoV 角色转换图

4.3 PoV 共识过程

本节从共识整体框架、激励机制和投票证明协议三个方面详细介绍 PoV 共识过程。

4.3.1 共识整体框架

假设系统的委员节点数量为 N_c，管家节点数量为 N_b，管家候选人数量为 N_{bc}，普通用户节点数量为 N_o，系统总节点数量为 N_{all}。由于一个节点可以有双重身份，所以委员、管家和管家候选人的总数小于各部分数量之和，即 $N_{all} \leqslant N_c + N_b + N_{bc} + N_o$，其中管家节点的数量是定值。在每一轮任期中，竞选成功的每个管家将得到一个分配编号，从 0 开始，直到 $N_b - 1$。假设管家的任职周期是 T_w，在每一个任期内有 $B_w + 1$ 个区块生成。管家在任职周期内按随机顺序轮流值班，在每个值班周期内生成一个区块。每个任职周期的最后一个区块是特殊区块，其中记录了投票结果，也就是下一任期当选的管家节点的服务器信息和管家编号。管家需要在规定的值班周期内生成一个区块，即区块的封装周期 T_b。图 4.6 展示了一个任职周期的共识模型。

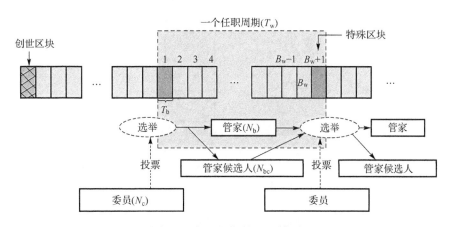

图 4.6 任职周期的共识模型

管家节点的轮值过程如图 4.7 所示。管家每次生成并签署一个有效区块称为一轮共识。每一轮共识结束后，管家调用函数生成一个随机数 R，$0 \leqslant R < N_b$。编号等于 R 的管家称为值班管家，负责生成和签署下一个区块。管家生成的区块必须得

到至少 $\left\lfloor \dfrac{N_c}{2} \right\rfloor +1$ 个委员节点的签名才能成为有效区块。若在 T_b 时间内无有效区块的生成，则令当前随机数 $R = (R+1) \bmod N_b$，由当前编号的管家重新产生区块，以此类推。每个有效区块都有最终性，不会分叉。

　　任期的最后一轮共识将产生第 $B_w +1$ 个区块，是一个特殊区块。现任管家和管家候选人共同竞选下一轮任期的管家名额。每个委员节点对管家候选人进行投票，最终在 N_{bc} 个管家候选人中投票排名靠前的 N_b 个节点当选为管家节点。投票信息和结果都会被写入这个特殊区块中。达成投票共识后，本轮管家正式卸任，然后开始新一轮的任职周期。每轮任职周期一共会有 $B_w +1$ 轮共识，产生 $B_w +1$ 个区块。

　　PoV 共识的整体流程如图 4.8 所示。每个节点在系统初始化后，首先进入创世区块的建立阶段，创世区块由委员节点共同产生，包含初始委员会成员和第一批管家的信息。创世区块创建后，系统就自动进入产生 B_w 个普通区块+1 个特殊区块的循环，一个循环为一个任职周期，一轮共识可能会经过 M 个值班管家才最终生成一个区块。管家节点循环执行值班期间和非值班期间的工作，并且定期向绝大多数委员节点申请同步区块以确保自身节点的最新数据状态。一个区块的生成周期也是一个被选定的管家节点生成区块的值班周期，每个区块中都包含有随机数算法生成的随机数 R，指定了下一区块的值班管家编号 $i = R$。

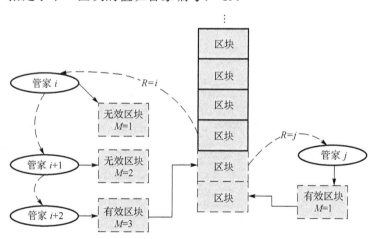

图 4.7　管家节点的轮值过程

　　在创世区块生成之后，创建区块的重要节点是委员节点和管家节点。图 4.9 和图 4.10 分别给出了创世区块生成以后管家节点和委员节点视角的流程图，其中，$\langle h, hs, M, \mathrm{time}, R, \mathrm{sign}(B) \rangle$ 代表区块中的区块高度、最新特殊区块高度、花费的值班周期、当前区块的时间戳、当前区块生成的随机数和管家节点签名等关键属性。

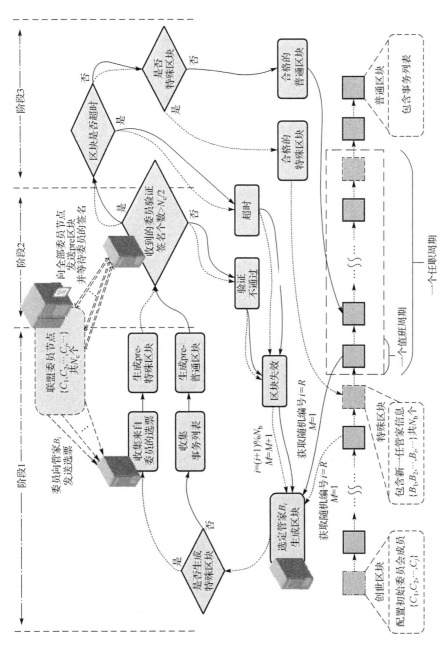

图 4.8　PoV 共识的整体流程

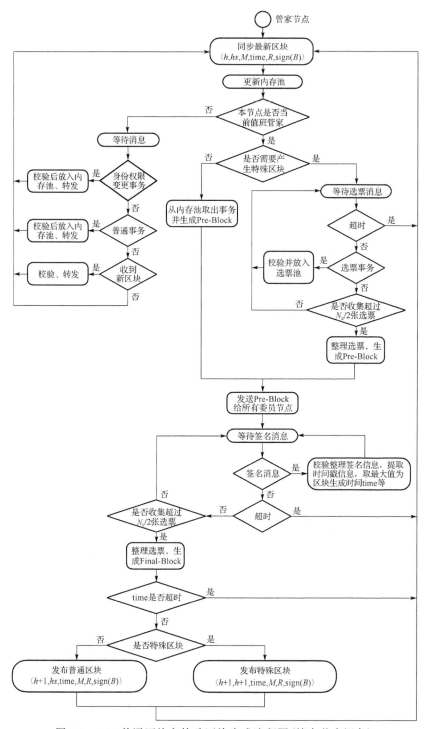

图 4.9　PoV 普通区块和特殊区块生成流程图(管家节点视角)

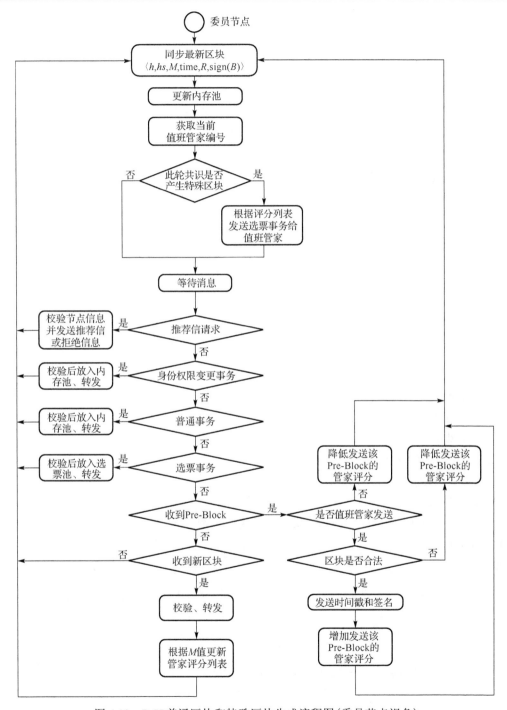

图 4.10　PoV 普通区块和特殊区块生成流程图(委员节点视角)

　　图 4.9 和图 4.10 仅从委员节点与管家节点的角度对普通区块和特殊区块生成的关键流程做出解释说明。管家节点和委员节点是 PoV 中最关键的共识节点,其他节点(例如,管家候选人和普通节点)则处于不断的同步区块、更新内存数据、转发区块、发布事务和转发事务的循环操作中,其大部分操作属于网络层和数据层。发布普通应用事务的操作则属于应用层操作,一般由钱包功能完成。

　　算法 4.1 给出了一个节点运行 PoV 整体算法的伪代码,在进行一系列初始化流程后,节点判断自身状态,根据自身状态和配置决定运行不同身份的 PoV 进程。

算法4.1: PoV状态机运行流程

1:　　System_init();

2:　　{gen_com_list} ← set_commissioner_list_genesis(); //设置初始委员列表

3:　　{Block_list} ← BLOCK_SYNC(); //同步最新区块并更新系统变量和内存池

4:　　examine({com_list}, {bul_list}, {bc_list}, {user_list});

5:　　myaddr ← key_manager.get_my_public_key(); //获取本节点地址, 即公钥

6:　　if my_addr ∈ {com_list}⋃{bc_list} then

7:　　　if my_addr ∈ {com_list} then

8:　　　　运行委员的工作进程;

9:　　　end if;

10:　　if my_addr ∈ {bc_list} then

11:　　　　运行管家候选人的工作进程;

12:　　end if;

13: else if my_addr ∈ {user_list} then

14:　　运行普通用户的工作进程;

15: else then

16:　　Forward_block_and_message(); //转发区块和消息

17: end if;

End

　　算法 4.2 描述了委员的工作流程,包含创世区块生成阶段和正常阶段。

算法4.2: 委员的工作流程

1:　　while is_connecting_to_network == true do

2:　　　{Block_list} ← BLOCK_SYNC(); //同步最新区块并更新系统变量和内存池

3:　　　Height ← make_get_height_request_msg(); //请求最新高度

4:　　　if Height==NULL //网络中还不存在任何区块

5:　　　　send Tx_PERMISSION⟨gen_com, com, NULL, my_addr, sign⟩;

```
6:        if is_needed_to_be_bulter == true  then
7:            send Tx_PERMISSION⟨com, bc, self_recommand, my_addr, sign⟩;
8:        end if;
9:        if my_addr == min(sort({com_list}))  then //创世委员中公钥最小的为代理委员
10:           创建创世区块;
11:       end if;
12:    else then
13:        委员进程进入生成区块阶段;
14:    end if;
15: end while;
End
```

算法 4.3 描述了管家候选人的工作进程。

算法4.3: 管家候选人的工作进程
```
1:   while is_connecting_to_network == true do
2:      {Block_list} ← BLOCK_SYNC(); //同步最新区块并更新系统变量和内存池
3:      处理接收到的投票事务，验证后放入内存池;
4:      处理接收到的身份变更事务，验证后放入内存池;
5:      处理接收到的普通事务，验证后放入内存池;
6:      处理系统其他消息，校验合法性并转发;
7:      处理接收到的新区块，校验区块的合法性，更新信息;
8:      if my_addr ∈ {bul_list}  then
9:          候选人进程进入管家任期阶段;
10:     end if;
11: end while;
End
```

4.3.2　激励机制

1. 联盟基金与清算机制

　　管家节点参与竞选并生成有效区块的目的主要是获取记账手续费。联盟链系统可以通过引入代币解决记账手续费问题，代币的金额单位以及换算与现实货币金额单位以及换算一一对应。联盟成立后将设立一个联盟基金账户地址，对应现实中在银行存放基金的一个现实账户。下面仅举例说明联盟基金的使用和清算方式，实际系统的运行可以在此基础上增加其他与代币转账相关的操作，如手续费管理等，或采取其他激励机制实现对管家工作的激励。

(1)代币的发行：多家联盟机构共同在某银行A设立一个现实账户，银行A在联盟链系统中拥有一个发行代币的虚拟银行账户 A^*。当现实中某联盟给银行A的现实账户充值一笔资金时，银行A确认收到资金后将会用 A^* 的身份在联盟链系统中发布一个事务，表示将同等金额的代币转到联盟基金账户地址。获得半数以上委员节点校验后，此事务可作为合法事务写入区块链中。这笔联盟基金用于存放管家候选人提交的押金、给管家节点发放工资以及管理用户节点手续费。必要时，委员节点可以给银行A转账，以便账户地址补充资金。

(2)代币的转移：每个管家节点获得的工资取决于其曾经生成的有效区块数量，每一笔工资的发放通过代币转账到管家节点的公钥地址来实现。

(3)代币的销毁：管家节点可以根据自己收到的虚拟代币在银行A中提现，并将对应提现的代币金额发送到一个无对应私钥的公钥地址进行销毁。

普通用户节点申请成为管家候选人时，需要在现实世界中向银行A转账一笔保证金。管家候选人可以随时放弃其身份，放弃时若没有不良记录就可以取回自己的保证金。管家节点如果在任职期间放弃其身份申请退出网络，则无法取回自己的保证金。

2. 评分与奖励机制

共识机制中还加入了评分机制和奖励机制，评分越高的管家节点和管家候选人有更高的概率获得选票当选管家，成功封装有效区块的管家将会按照区块数量获得对应的金额奖励。系统通过这两种外部激励方式吸引更多的人加入管家行列中，奖励诚实工作的行为，惩罚作恶的行为，使得系统往越来越安全可靠的方向发展。

每个委员节点都会维护一张管家候选人列表并为其评分，评分规则如下。

(1)该委员每次验证通过并签署一个区块，就会给对应的值班管家加分，如果没有验证通过则会给管家节点扣分甚至清零。

(2)如果该管家节点由于不在线错过了生产区块的机会，其分数会被所有委员节点减分甚至清零。若联盟协议中对离线行为惩罚比较严重而统一设置为清零操作，则意味着当此管家节点重新上线时，需要重新从头开始积分。

不同委员节点对同一管家候选人的分数可能不同，对每一位管家候选人的评分代表了委员节点对它的信任程度，也是投票的依据之一。

每轮任期结束后，管家节点会根据已产生的有效区块的数量收到自己的记账酬劳，让他们有动力继续应聘竞选，诚实工作，保持长时间在线。

4.3.3　投票证明协议

PoV 共识算法设计的初衷是为联盟链设立一个通用的身份模型(联盟节点与其他节点),利用联盟链模型中的联盟节点的特殊身份,遵从少数服从多数的原则,把投票结果作为系统生成有效区块的合法证明。在此基础上,决策结果由系统中其他节点生成以保证联盟之间决策的去中心化。为了规范其他节点的有效性与可靠性,引入投票证明机制。

在图 4.11 中,投票证明的思想在共识机制的设计中由两种投票机制体现:委员对是否赞同区块产生的投票和委员对管家候选人的投票。其中,委员通过返回签名的方式投票。

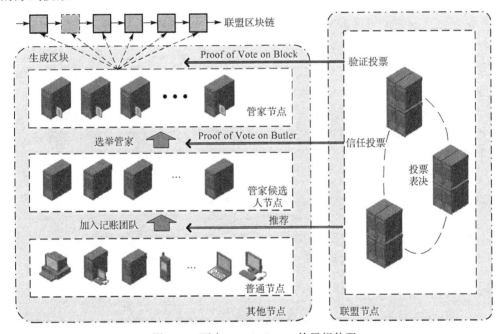

图 4.11　两个 Proof of Vote 的思想体现

1.　区块的验证投票(Proof of Vote on Blocks)

值班管家 i 生成区块并发送给所有委员节点,若委员节点同意此区块的产生,则对区块头和当前时间戳加密签名,将签名和时间戳返回给管家 i。当管家 i 在规定时间内收到 $\left\lfloor \dfrac{N_c}{2} \right\rfloor + 1$ 以上签名时,区块有效;反之,区块作废,由管家 $i+1$ 重新生成区块。

这一类投票用于表决区块产生的合法性,每个区块必须获得超过半数以上的委员节点验证通过才能被认为是有效的合法区块，其合法性可以通过联盟的投票结果来证明。这意味着如果系统需要修正某个事务的结果，在超过半数委员节点同意的前提下，可以使事务修改请求顺利通过合法性校验。

2. 管家的信任投票（Proof of Vote on Butlers）

在任期的最后一个值班周期，委员节点向值班管家 i 发送已签名的投票事务。管家节点 i 收集并计算票数后，将所有投票事务和结果封装成一个特殊区块，发送给所有委员节点，进行区块合法性的表决。委员节点发送的投票事务中包含正常票和指定票两种票的组合。

正常票：委员节点根据自己维护的管家候选人列表中的评分，按分数高低给出分数较高的候选人序列。

指定票：考虑人为因素，委员节点可以设置一组指定的候选人序列或者是随机的候选人序列，增加管家节点的流动性。

这一类投票用于选出相对信任的管家节点，委员节点对管家节点的投票体现了委员节点对此管家节点的信任程度，每个管家节点的可靠度通过委员对管家节点的投票结果来证明。此外，管家节点的随机轮流记账增加了管家节点的流动性，避免某个机构控制大部分优秀节点持久地占据管家节点行列，也避免了部分经常被选中的管家节点被大范围收买的可能性，使得系统更加安全可靠。

4.4 PoV 共识细节

下面将关注 PoV 共识算法的细节，主要包括消息类型、区块数据结构、共识任职周期、普通区块和特殊区块、创世区块、隐式二阶段提交和随机数产生算法。

4.4.1 消息类型

共识算法在执行过程中，还需要底层网络层和数据层的配合，共识层的作用是在无中心服务器的情况下，实现所有节点保存的正确区块的一致性。PoV 执行流程中，节点之间的通信以传播消息、事务和区块的方式，实现联盟链上区块的生成和同步。在本章的算法细节描述中使用到了以下几类特殊事务和消息。

事务 1 Tx_PERMISSION：节点身份权限变换事务，至少包含（from,tobe,prove_sign_list,add,sign）几类属性。from 表示原身份；tobe 表示目标身份，其中委员节点可以同时成为管家候选人；prove_sign_list 表示签名列表，签名用来证明此事务已通过联盟委员节点的校验或者推荐，若是普通节点成为管家候选人的权限变换事务，prove_sign_list 中就包含某委员节点的推荐信和半数以上委员节点的同意签名，若是委员节点成为管家候选人的权限变换事务，prove_sign_list 中就包含委员节点的自荐信。

事务 2　Tx_VOTE：投票事务，即在特殊区块生成的值班周期内，委员节点向值班管家发送的投票事务，包括投票的候选管家名单。

事务 3　Tx_DEFINE：自定义事务，即区块链应用中的普通事务，不同系统将定制不同的普通事务。

消息 1　SIGNpuk(data,[time])：委员节点对数据 data 的签名消息，data 后可以附上签名时的时间戳，下标 puk 表示签名者的公钥，用于返回推荐信或者同意消息。

消息 2　Pre-Block(Pre-Header,Body)：管家节点生成的预区块，由初始区块头和包含事务{tx}的区块体 Body 组成。

消息 3　Block(Final-Header,Body)：管家节点生成的最终确认区块，包含完整区块头以及区块体 Body。

消息 4　Height(num)：最高区块高度请求。在同步区块时，通过先向相邻节点请求最高区块高度来确定是否需要更新本节点的区块。

消息 5　BLOCK_SYNC：区块同步消息。一般用于系统中节点向委员节点或相邻节点请求同步最新区块，更新处理器中的系统变量。

4.4.2　区块数据结构

预区块(Pre-Block)与最终确认区块(Block)的数据结构分别如表 4.1 和表 4.2 所示。

表 4.1　Pre-Block 数据结构

Pre-Block		
Pre-Header		Body
Hash	当前区块的唯一标志符，由值班管家对 Pre-Header 除了 Hash 的部分加密后用 SHA256 散列而成	{tx} = {tx$_0$,tx$_1$,…,tx$_i$} 事务列表
Pre-Hash	上一区块的 Hash 值是区块链链式数据结构的重要属性	
Height (h)	当前区块的高度值，也可简称为 h。创世区块的高度值为 0	
Height_LastSpecial (hs)	离当前区块最近的一个特殊区块的高度值，简称为 hs。若 h=hs，说明此区块为特殊区块，一般每隔 B_w 个区块会出现一个特殊区块，即 $h-hs \leqslant B_w$	
M	当前区块耗费多少个值班周期生成，意味着本轮共识共有 M-1 个区块为无效区块	
Puk (addr)	封装当前区块的值班管家的公钥是节点的地址 addr，用于证明当前区块的记账归属权和统计管家节点的最终收益	
Merkle_Root	默克尔根由事务数据间互相进行哈希运算生成，用于校验所有事务的原始性和真实性，配合 Pre-Hash 成为区块链链式结构不可篡改特性的重要属性	
…	自定义属性部分，如 T_b 为生成区块的值班周期，N_b 为选出的管家节点数量，N_{bc} 为管家候选人数量，N_c 为委员节点数量	

表 4.2　Block 数据结构

Block			
Final-Header		Body	
Pre-Header	包含 Pre-Header 的一切属性	{tx} = {tx₀, tx₁, …, txᵢ}	事务列表
pre_header_sign_list {⟨C_time,C_sign⟩}	委员节点返回的签名列表，其中 C_time 为签名时刻委员处理器的时间戳，在一定程度上影响区块最终生成时间；C_sign 为委员节点使用私钥对 Pre-Header 和 C_time 拼接的字符串 Hash 后加密的过程		
R	使用 RandomNum 算法得到的随机函数，决定下一区块的值班管家编号		
time	当前区块生成的时间		

此外，为了表示不同的身份，采用部分缩写。

com：commissioner。bul：bulter。bc：bulter candidate。user：ordinary user。

4.4.3　共识任职周期

在正常情况下，管家候选人的数量 N_{bc} 大于设定的管家节点数量 N_b。在联盟链的创世区块生成之前，委员节点通过自荐成为管家候选人，并在创世区块中选出第一批管家。一轮任职周期包含以下几个步骤。

S1：在每轮任职周期的开始，$R = \mathrm{GetPreviousBlockRandomNum}()$，创世区块 $R = 0$。

S2：完成 B_w 轮共识，产生 B_w 个普通的有效区块。

S3：在任职周期的最后一轮共识里，委员节点会更新自己的管家候选人列表中的评分，并进行投票选举。一个特殊区块将被产生，包含着新管家节点的信息和对应的编号。

S4：任期结束，循环执行 S1～S4。

如果 $N_{bc} < N_b$，在候选人不足的情况下，管家可以分配多个编号以使系统顺利运行，例如，当 $N_b = 8$，而管家候选人一共只有 6 位时，则按照 $\{B_1, B_2, B_3, B_4, B_5, B_6, B_1, B_2\}$ 的顺序标号 0～7，管家 B_1 和 B_2 作为票数最高的两个管家，可以各自拥有两个编号。PoV 任职周期示意图如图 4.12 所示，在经历 B_w 轮普通区块的封装和共识后，再进行一轮特殊区块的共识，其中 hs 为上一特殊区块的高度，也代表着本轮共识归属于哪一任期。

PoV 任职周期之间的轮换流程图如图 4.13 所示，其中 h 为当前区块高度，hs 为最新的特殊区块高度。

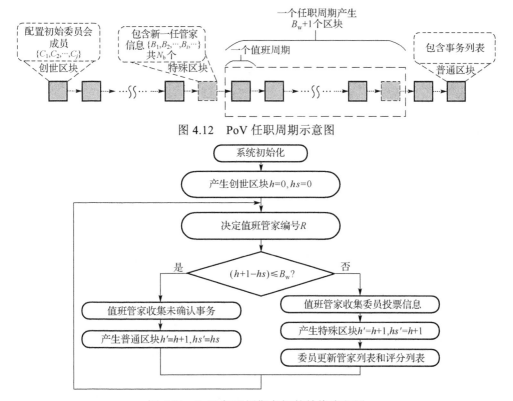

图 4.12　PoV 任职周期示意图

图 4.13　PoV 任职周期之间的轮换流程图

4.4.4　普通区块和特殊区块

一个有效区块的产生称为一轮共识。一轮共识可能花费 M 个封装周期，若管家 i 无法在 T_b 时间内生成一个有效区块，则记账权就会移交给管家 $i+1$，此过程称为管家节点的轮值过程。M 可表示本轮共识中超时或失效的区块数量，若 $M=1$，代表本轮值班管家的编号为上一个合法区块指定的 R 值；若不为 1，则本轮值班管家的标号等于 $(R+M-1) \bmod N_b$，体现本轮值班管家的编号与上一个合法区块中指定的 R 值之间的关系。一个普通区块的生成流程如图 4.14 所示。一轮共识的时间约为 $T_c = M \times T_b, 1 \leq M \leq N_b$，本轮共识中有 $M-1$ 个无效区块被抛弃。当 $M \leq N_b$ 时，至少有一个管家可以生成一个有效的区块。一个普通区块的生成经过以下几个步骤。

S1：全网任意节点产生事务数据并附上签名，同时也接收事务数据，验证接收到的事务数据是否正确，若正确则转发该事务数据，所有事务主要转发给委员节点和管家节点。

S2：所有管家节点监听事务数据，并将有效的事务数据放入事务池中，全网中的管家节点和委员节点定期同步 NTP 时间。

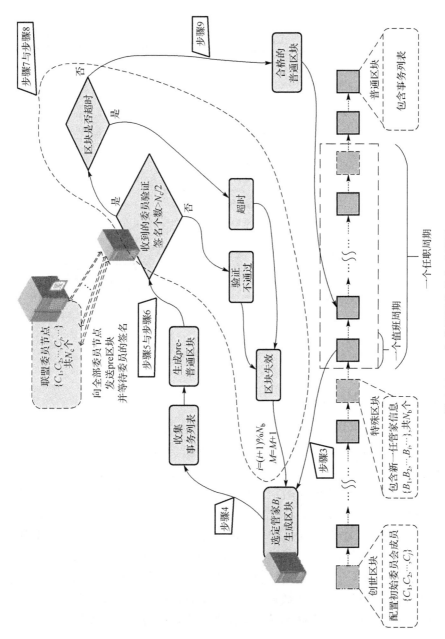

图 4.14　一个普通区块的生成流程

　　S3：令 $M=1, R=\text{GetPreviousBlockRandomNum}()$。若当前是本轮任期的第一个区块，则 R 可以从上一轮任职周期的最后一个有效特殊区块里获取。若本轮共识要产生创世区块(区块链中的第一个区块)，默认 $R=0$。

　　S4：管家 R 从事务池中取出一些事务，封装成 Pre-Block，对区块头的散列值做数字签名，证明此区块的产生者是自己，发送给所有委员节点和管家节点。区块截止时间 $T_{\text{cut}}=\text{GetPreviousBlockConfirmTime}()+M\times T_{\text{b}}$。

　　S5：委员节点收到 Pre-Block 后，验证预区块内的数据，若同意本区块生成，则对 Pre-Header+本机时间戳字符串连接的散列值签名，把签名和时间戳发回给管家。

　　S6：在时间 T_{cut} 之前，当收到的区块已经有至少 $\left\lfloor \dfrac{N_{\text{c}}}{2} \right\rfloor+1$ 个节点的签名和时间戳时，按照其时间戳升序，将对应的签名+时间戳序列化为字符串，附在 Pre-Header 后，生成 Ready-Header。计算出 R 值后，在 Ready-Header 的基础上添加 R 值和区块生成时间(取委员返回的时间戳列表中的最大值)，最后生成 Final-Header，并向全网发布完整的区块，直接跳转执行 S8。

　　S7：若区块生成时间已经超过了 T_{cut} 或验证不通过，则本轮共识在这个时刻之前的区块都是无效区块，令 $R=(R+1)\bmod N_{\text{b}}$，$M$ 递增，跳转到 S4。

　　S8：有效区块生成后，管家 R 首先将区块发送给所有的委员节点，然后发布区块，当有半数以上委员节点确认收到这个有效区块后，此区块才进入了合法状态，拥有最终确认性。若此区块收集的委员签名数量未超过半数，则此区块无效，令 $R=(R+1)\bmod N_{\text{b}}$，$M$ 递增，跳转到 S4。

　　S9：所有委员节点和管家节点在收到有效区块后，验证此区块是否拥有半数以上委员节点的签名，将有效区块包含的事务从事务池中删除，获取有效区块中包含的随机数 R，开始下一轮共识，判断下一轮共识是否产生特殊区块，若是，则跳转到特殊区块的生成流程；否则，跳转到 S4。

　　特别地，如果 $M>N_{\text{b}}$，这意味着没有一个管家节点可以生成一个有效的块，这可能发生在网络分区的情况下。此时，块的生成将落入死循环，直到网络恢复。

　　上述步骤是从全网状态看各个角色之间相互配合实现一轮共识的过程。在一个新区块的产生过程中，管家节点在所有参与的共识的节点中扮演着绝对重要的角色，算法 4.4 通过形式化描述介绍了管家节点在值班周期内的具体操作。

算法4.4: 管家封装区块的流程

Input ： {block_list}, my_addr, {tx}, {com_list};

Output ： 随机生成区块;

1:　　lastblock ← block_list[size(block_list) − 1];　//获取区块链最新区块

2:　　{my_id} ← Bul_id(myaddr); //获得本节点当前的管家编号

3:　　if $\lfloor$ lastblock.R + (GetTime() − lastblock.time) / T_b $\rfloor$%N_b ∈ {my_id} then

　　　　　　　　　　　　　　　　　　　　　　　　//本节点的值班周期

4:　　　　Pre_Hash ← lastblock.Hash,　h ← lastblock.h + 1;

5:　　　　M ← (GetTime() − lastblock.time)/T_b,　Puk ← my_addr;

6:　　　　if (lastblock.h + 1 − lastblock.hs) ≤ B_w　then //产生普通区块

7:　　　　　hs ← lastblock.hs;

8:　　　　　Body ← {tx(Tx_PERMISSION, Tx_DEFINE)};

9:　　　　else if (lastblock.h + 1 − lastblock.hs) == B_w then　//产生特殊区块

10:　　　　　hs ← lastblock.h+1;

11:　　　　　Body ← {tx(Tx_VOTE)};

12:　　　end if;

13:　　　Merkle_Root ← Compute_Merkel(Body);　//事务按顺序两两哈希计算Merkle根

14:　　　Pre_header ← {Hash = $Sign_{my\_addr}$, Pre_Hash, h, hs, M, Puk, Merkle, ···};

15:　　　Pre_block ← FormBlock(Pre_header, Body);　//生成Pre-Block

16:　　　Send Pre_block to each commisstioner j ∈ {com_list};　//发送Pre-Block给所有委员

17:　　　if size({pre_header_sign_list}) ≥ size({com_list})　then　//判断返回的签名数量

18:　　　　Ready_header ← attach(Pre_header, pre_header_sign_list);

19:　　　　R ← RandomNum(pre_header_sign_list);　//根据签名列表生成随机数

20:　　　　Time ← max({pre_header_sign_list.C_time});　//为区块添加时间戳

21:　　　　Final_header ← attach(Ready_header, R, Time);

22:　　　　Final_block ← FormBlock(Final_header, Body);　//生成Final-Block

23:　　　　Send Final_block to each commissioner j ∈ {com_list};　//发布区块

24:　　end if;

25: end if;

End

　　　特殊区块是一个任职周期中的最后一个区块，目的是完成新管家的竞选投票。特殊区块的生成过程与普通区块类似，不同的是特殊区块封装的不是事务数据，而是下一任期的管家信息。一个特殊区块的生成流程如图4.15所示。

　　　P1：在特殊区块产生之前，所有委员节点从现任管家节点和管家候选人中挑选一个序列形成选票信息，并发送给值班管家。

　　　P2：所有委员节点和现任管家同时接收所有其他委员的投票信息，放入内存池（事务池）中。

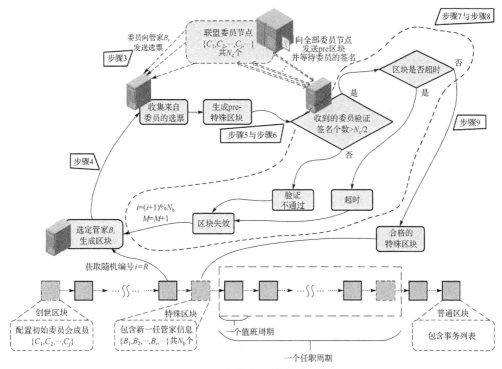

图 4.15　一个特殊区块的生成流程

P3：值班管家判断收集到的投票事务数量是否超过委员数量的一半，若是，则执行 P4~P8 生成一个新区块；否则，持续等待直到超时并更换值班管家。

P4~P8：和正常区块生成的步骤 S4~S8 类似，特殊区块同样需要接受委员的签名认证来达成共识。不同的是，区块体中的内容不是普通事务信息而是选票信息。经过计数，总票数排名靠前的 N_b 个节点当选为下一任职周期受聘用的管家节点，新一任管家节点的信息将作为一个特殊事务写入区块体中。

P9：本轮任期的管家节点在完成最后一轮特殊区块的生成操作之后，删除内存池中相关投票信息，任期结束，正式卸任，跳转到普通区块生成流程的步骤 S3。

相比较普通区块的生成过程，在特殊区块的生成过程中，管家节点仅需增加一个步骤判断收集到的投票事务的数量是否符合规定，并在封装事务的过程中选择投票事务。而委员节点在特殊区块的生成过程中增加了生成投票事务的步骤。

算法 4.5 用形式化方式从委员节点的视角展示了生成一个区块的操作流程。

算法4.5: 委员在产出区块阶段的运行流程

Input:　{bul_list}, {bc_list}, {block_list}, {score_list};

Output: Send sign for Pre-Block or Send Tx_VOTE;

1:　　处理接收到的投票事务Tx_VOTE，验证后放入内存池；

2:     处理接收到的身份变更事务Tx_PERMISSION，验证后放入内存池；

3:     处理接收到的普通事务Tx_DEFINE，验证后放入内存池；

4:     监听并处理收到的Pre-Block；   //发送者是否值班管家

5:     if $sender \in \{bul\_list\} \bigwedge Bul\_id(sender) == block\_list[size(block\_list)-1].R$

        $+ \lfloor (Get\_Time() - block\_list[size(block\_list)-1].time) / T_b \rfloor \% N_b$ then

6:       if VALID(Pre_block)   then

7:         Send $SIGN(Pre\_header, Get\_Time())$ //若通过验证则返回签名

8:       end if；

9:     end if；

10:    更新($\{score\_list\}$)；

11: end on；

12: $h \leftarrow block\_list[size(block\_list)-1].h$；   //获取本节点存储的最新区块高度

13: $hs \leftarrow block\_list[size(block\_list)-1].hs$；//最新特殊区块高度

14: if $(h-hs) == B_w$ //如果即将产生特殊区块，则发送投票事务给值班管家节点

15:    $\{v_1 \cdots v_{K/2}\} \leftarrow TopRank(\{score\_list\})$； //一半的票给分数榜前几名

16:    $\{v_{K/2+1} \cdots v_K\} \leftarrow RandomChoice(\{bc\_list\} \bigcap \overline{\{bul\_list\}})$；

                          //另一半的票随机给其他候选人

17:    根据$(\{v_1 \cdots v_{K/2}\}, \{v_{K/2+1} \cdots v_K\})$发送Tx_VOTE；

18: end if；

End

4.4.5 创世区块

    创世区块是联盟链中最特殊的区块，它的链上高度为 0，包含有初始联盟节点信息和第一批管家节点信息，奠定了后续区块生成的基础，也是区块链中最重要的区块之一。创世区块的生成过程如下。

    T1：各个创立联盟的初始委员节点互相通信确认在线，公钥 Hash 值最小的委员节点(代理委员)负责生成创世区块。

    T2：所有委员节点发送自己升级为委员节点的身份权限变更事务给代理委员。

    T3：希望同时兼任管家身份的委员节点向所有委员节点提交申请，发送管家候选人的身份权限变更申请消息，附上自荐签名。若其他委员节点同意其申请，则返回签名，若收到了半数以上委员节点的签名，则此节点可以顺利生成一个合法的身份权限变更事务，发送给代理委员并发布到网络中，全网中的委员节点将此事务放入内存池中。

    T4：所有委员节点从内存池中提取已经验证通过的管家候选人信息，从中选出至少 K 个管家候选人账号地址(若不够 K 个，则可以给一个账号投两张以上的票)，

序列化成选票信息并签名，返回选票消息给代理委员。

T5：代理委员统计选票后将<升级为委员节点的身份权限变更事务><升级为管家候选人的身份权限变更事务><所有委员节点的选票消息><新一轮管家节点名单>这几类事务整合在一起，生成 Pre-创世区块，发送给所有委员节点，得到所有委员节点的签名确认后(此步骤用于确认所有委员节点之间通信顺畅，意味着联盟链网络已经建立)，发布创世区块，此过程类似于生成普通区块的步骤 S4～S8。

T6：所有委员节点收到创世区块后，将内存池中待确认的身份权限变更事务和选票事务删除。

创世区块内包含了第一批管家列表信息，一般情况下创世区块中确认的管家节点数量可能小于设定的管家节点数量 N_b，可以为部分管家节点分配多个编号，使管家编号 $0 \sim N_b - 1$ 均有对应的节点。创世区块生成过程中代理委员担任了记账人(值班管家)的角色，其流程如图 4.16 所示。

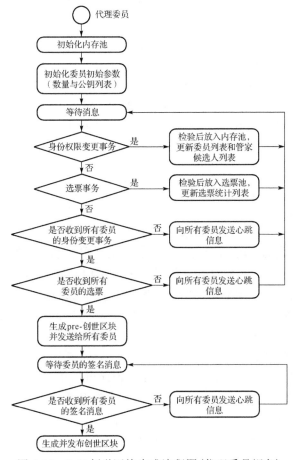

图 4.16　PoV 创世区块生成流程图(代理委员视角)

创世区块生成之后，正常运行普通区块和特殊区块的生成流程。算法 4.6 给出了创世区块生成流程的伪代码。

算法4.6: 代理委员产生创世区块的流程

Input: {vote_ballot_pool},{apply_com_list},{com_list},{tx},{pre_header_sign_list};
Output: 发送创世区块;

1: 　处理接收到的投票事务Tx_VOTE，验证放入内存池;
2: 　处理接收到的身份变更事务Tx_PERMISSION，验证后放入内存池;
3: 　if size({vote_ballot_pool}) ⩾ size({com_list}) $\wedge$ {apply_com_list}＝＝{com_list} then
4: 　　Body ← {tx(Tx_PERMISSION,Tx_VOTE)};
5: 　　Pre_header ← {Hash(Sign$_{my\_addr}$),0,0,0,1,my_addr,Compute_Merkle(Body),⋯};
6: 　　Send Pre_block ← FormBlock(Pre_header,Body); //生成Pre-Block发给其他委员
7: 　　if size({pre_header_sign_list}) ⩾ size({com_list}) then //收到所有委员签名
8: 　　　Ready_header ← attach(Pre_header,pre_header_sign_list);
9: 　　　R ← RandomNum(pre_header_sign_list);
10: 　　　Time ← max({pre_header_sign_list.C_time});
11: 　　　Final_header ← attach(Ready_header,R,Time);
12: 　　　Final_block ← FormBlock(Final_header,Body);
13: 　　　Send Final_block to each commissioner $j \in$ {com_list}; //发布创世区块
14: 　　end if;
15: end if;
End

4.4.6　隐式二阶段提交

在生成普通区块的步骤 S4~S8 中，实际上运用了改进后的二阶段提交来确保区块的唯一合法性，如图 4.17 所示。每个值班管家都需要进行一轮类似 Prepare-Ready-Propose-Confirm 的二阶段提交过程来完成对一个区块的最终确认，其中 Prepare-Ready 是第一个阶段，是区块生成的必备阶段；Propose-Confirm 是第二个阶段，指生成区块后发布和确认的阶段。由于系统处于与 NTP 时间同步的状态，在某一时间段内，默认只有一个值班管家进行区块的打包和两阶段提交确认工作，通信复杂度仅受限于委员节点的数量，除去 Confirm 阶段，每阶段有 N_c 个消息被发送，消息复杂度约为 $O(3N_c)$。为了在保证正确性的前提下尽可能地提高算法的运行性能，Propose-(Confirm)简化为发布区块的过程，Confirm 阶段在共识运行的过程中隐式地体现，PoV 隐式二阶段提交如图 4.18 所示。

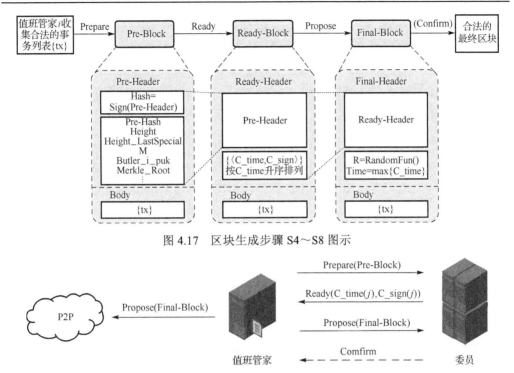

图 4.17　区块生成步骤 S4～S8 图示

图 4.18　PoV 隐式二阶段提交

1. Prepare 阶段

值班管家生成 Pre-Block 后发送给所有委员。Pre-Block 中包含值班管家内存池中收集的合法事务列表，用集合 {tx} 来表示，最终放置于 Body 结构中。在 Pre-Header 中包含上一个合法区块的 Hash、当前区块高度 Height、上一个特殊区块高度 Height_LastSpecial、本轮共识中超时或失效的区块数量 M、值班管家的公钥 Butler_i_puk、Merkle_Root 等。

2. Ready 阶段

值班管家等待所有委员节点对区块的合法性进行校验以及投票，投票的方式是对 Pre-Header 和当前时间戳签名并返回给值班管家，C_sign(i) 与 C_time(i) 分别代表委员 i 的签名和时间戳。每一名委员节点在一个值班周期内有且仅有一次机会为一个 Pre-Block 返回校验签名。当值班管家收集到半数以上委员节点对区块的签名后，在本地生成 Ready-Block，进而生成 Final-Block。其中 Ready-Block 是 Pre-Block 到 Final-Block 的过渡阶段，包含了收集到的委员节点的签名和时间戳，用列表 $\{\langle C\_time(1), C\_sign(1)\rangle, \cdots, \langle C\_time(K), C\_sign(K)\rangle\}$ 表示，$\left\lfloor \dfrac{N_c}{2} \right\rfloor + 1 \leqslant K \leqslant N_c$，签名和时间戳列表简称为{⟨C_time, C_sign⟩}集合，需要根据 C_time 项进行升序排列。R 值将从所有委员节点的签名集合中生成，而区块的最终生成时间也取决于委员节点返回时间戳的最大值，因此区块是否按时生成取决于委员节点返回的最晚确认签名信息，而非值班管家的本地时间戳。在补充完区块头中的 R 值和时间戳 Time 信息后，值班管家生成 Final-Block。

3. Propose 阶段

在 Propose 阶段中，值班管家已经完成了所有的工作，直接将 Final-Block 发布到全网中。特别地，会优先发送给委员节点和其他管家节点以宣告自己对当前区块的记账权。

4. Confirm 阶段

此阶段无须委员节点显式地发送确认消息给值班管家，半数以上委员节点收到 Final-Block 之后，即可避免值班管家的下一编号管家发动抢占式攻击以抢占区块的记账权，当前区块才真正进入 Confirm 阶段，成为合法的最终区块。具体来说，每个委员节点仅会对当前值班管家发送的 Pre-Block 进行签名确认操作，因此委员节点不会确认抢占式攻击管家节点提交的 Pre-Block，只要半数以上委员节点收到了值班管家发布的 Final-Block，抢占式攻击管家的 Pre-Block 就不可能获得半数以上的委员签名而失效，从而在隐式的共识下保证了区块的唯一性和一致性。在现实的系统场景中，可以选择性地增加显式的 Confirm 阶段，让值班管家明确清楚自己产生的 Final-Block 是否成为最终合法区块，从而提高系统运行的稳定性和有序性。

当客户端向联盟链系统中的某一委员节点发起数据读取请求时，假设该委员节点拥有的最新区块高度为 h，表示为 $Block_h$。若客户端读取的数据保存在 $Block_{h-1}$ 及之前的区块中，说明此数据已经在联盟委员节点中经历了 Confirm 阶段，经过了一个区块的确认，该委员节点可以直接返回数据；若此数据保存在 $Block_h$ 中，则该委员节点需要向半数以上的委员节点发起区块高度同步请求。若半数以上委员节点返回相同的 ⟨Height, Hash⟩，说明此数据已经在联盟委员节点中经历了 Confirm 阶段，该委员节点可以向客户端返回数据；若此数据不存在于该委员节点本地的区块中，则该委员节点也需要向半数以上的委员节点发起区块高度同步请求，通过是否收到半数以上相同的最新高度响应来判断该委员节点的区块数据是否为最新的同步数据。通过这样的系统响应方式，可以保证系统中每一个委员节点对外提供的决策服务相同，实现共识一致性。

4.4.7 随机数产生算法

每个区块的生成对应一个随机数，此随机数指向下一个封装区块的管家编号，从而保证管家节点是以随机的顺序轮流生成区块的。Pov 随机数生成算法如图 4.19 所示。

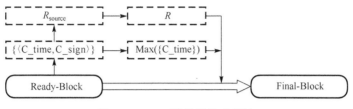

图 4.19 PoV 随机数生成算法

假设管家节点收到了 K 个委员节点的签名和时间戳,并且按照委员节点发送的时间戳升序排序,记为 $\langle C\_time(i), C\_sign(i)\rangle, 0 \leqslant i < K$ 且 $\left\lfloor \dfrac{N_c}{2} \right\rfloor < K \leqslant N_c$。取最后送达的委员节点的签名和时间戳进行异或计算,得到随机数源 R_{source}:

$$R_{source} = C\_time(K-1) \oplus C\_sign(K-1) \tag{4.1}$$

设截取字符串 string 最后 32 位的方法为 $\text{SubStringEnd32}(\text{string})$,得到随机数 R 的方法如下:

$$R = \text{StrToInt}\big(\text{SubStringEnd32}[\text{Hash}(R_{source})]\big) \bmod N_b \tag{4.2}$$

由于值班管家收到的委员节点的时间戳都不可预测,所以 R_{source} 不可预测,得到的 R 值也具有极强的随机性,防止出现某种规律,降低了值班管家作恶的可能性。下面给出随机数算法 4.7 的伪代码。

算法4.7: 生成随机数算法

Input: SignList: $\{\cdots, \langle C\_time_j, C\_sign_j\rangle, \cdots\}$ $(0 \leqslant j < N, N \geqslant N_c/2)$;

Output: res: the R of pre_header_sign_list,即下一任Bulter_id;

1:    function RandomNum(SignList);

2:       $R_{source} \leftarrow$ null;

      // 按照C_time升序排列<C_time, C_sign>

3:       $\langle \max C\_time, \max C\_sign\rangle \leftarrow \max$(按照C_time升序排列SignList);

4:       $R_{source} \leftarrow$ attach(R_{source}, maxC_time, maxC_sign);

5:       return res $\leftarrow$ StrToInt(0x00000000FFFFFFFF $\overline{\wedge}$ SHA256(R_{source}));

6:    end function;

End

生成的随机数以及计算结果 $\max(\{C\_time\})$ 分别作为 R 和 Time 参数加入 Final-Header 中,也是区块合法性的重要参数,对于区块发布到网络中的 Final-Block 有着

重要的校验作用。若区块合法，则 R 值将直接指定下一值班管家的编号，而 $\max(\{C\_time\})$ 则决定下一区块的生成截止时间 T_{cut}。

4.5　PoV 共识实例

本节通过实例展示了 PoV 共识的具体运行流程，过程中用到的节点参数、随机数、时间和分值(假设委员节点每次给管家节点加 1 分或者减 2 分)设定均为虚拟值，仅为了方便理解算法而设置。

假设系统中有 8 个节点，它们的地址(公钥)分别为 a,b,c,d,e,f,g,h。系统中有 3 个委员节点、6 个管家候选人(其中 3 个节点兼任管家候选人和委员节点)和两个普通节点。节点身份安排如图 4.20 所示：委员节点 $\{a,b,c\}$，$N_c = 3$；管家节点 $\{B_0, B_1, B_2, B_3, B_4\}$，$N_b = 5$；管家候选人 $\{a,b,c,d,e,f\}$；普通节点 $\{g,h\}$。设定一个值班周期 $T_b = 10s$，一个任职周期产生普通区块的数量 $B_w = 3$，一个任职周期产生的全部区块数量 $B_w + 1 = 4$，单次票数 $K = 3$，假设系统在 02:15:45 开启。

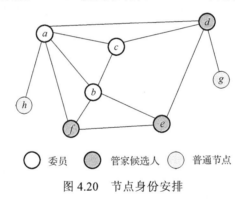

图 4.20　节点身份安排

02:15:45 系统初始化，委员节点建立连接，委员节点 a 的公钥地址最小，为代理委员，负责生成创世区块，PoV 创世区块生成实例如图 4.21 所示。

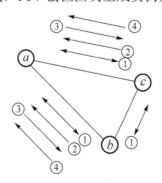

图 4.21　PoV 创世区块生成实例

(1) 委员节点 a,b,c 相互发送消息 Tx_PERMISSON (gen_com, com, null, $a/b/c$, sign$_{a/b/c}$(Tx)) 和 Tx_PERMISSON (com, bc, null, $a/b/c$, sign$_{a/b/c}$(Tx))。

(2) 委员节点 a,b,c 收到其他委员节点自荐成为管家候选人的消息，根据管家候选人列表向代理委员 a 发送投票事务 Tx_VOTE($\{a,b,c\}$, sign$_{a/b/c}$) 并广播到网络中。

(3) 代理委员 a 收到投票事务后，将所有 Tx_PERMISSION 和 Tx_VOTE 消息封装进 Pre-Block 中，发送给其他所有委员节点。

(4) 委员节点 a,b,c 对 Pre-Block 进行验证并向 a 发送各自的签名消息 SIGN$_a$ (Pre-header, $02:15:48$)，SIGN$_b$(Pre-header, $02:15:55$)，SIGN$_c$(Pre-header, $02:16:00$)，代理委员 a 收到后根据时间戳对签名排序并写入区块头，生成 R，选取最大时间戳 $02:16:00$ 为区块时间 time，生成创世区块 Block($h=0, hs=0, M=1, \text{time}=02:16:00, R=2, \text{sign}_a$)，Block 中还包含了下一任管家列表 $\{B_0:a, B_1:b, B_2:c\}$。

$02:16:00$ 开始第一轮任职周期，如图 4.22 所示，由管家节点 $\{B_0:a, B_1:b, B_2:c\}$ 轮流负责封装区块，经过 4 轮共识，产生 3 个普通区块和 1 个特殊区块。

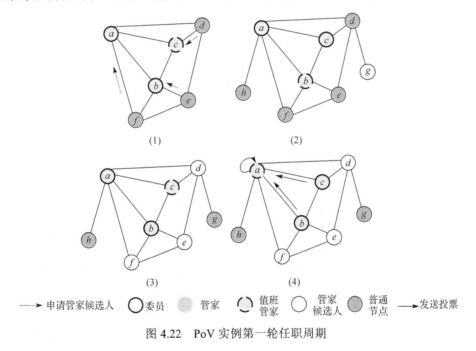

(1)　　　　　　　　(2)

(3)　　　　　　　　(4)

······▶ 申请管家候选人　◯ 委员　⬤ 管家　◖◗ 值班管家　◯ 管家候选人　⬤ 普通节点　——▶ 发送投票

图 4.22　PoV 实例第一轮任职周期

(1) $02:16:00 \sim 02:16:06$。节点 d,e,f 加入网络，希望成为管家候选人并分别向委员节点 a,b,c 请求推荐信，a,b,c 验证其身份后，返回推荐信响应。节点 d 收到委员节点 c 返回的推荐信和同意签名后，向委员节点 a,b 发送推荐信，获得 a 的同意签名，此时 d 共收集了两份签名，超过委员数半数，d 即可发布身份权限变换事务 Tx_PERMISSION(user, bc, $\langle$SIGN$_c$(letter$_c$), SIGN$_a$(letter$_c$)$\rangle$, d, sign$_d$(Tx))。类似地，节点

e, f 也用同样的方法发布 Tx _ PERMISSION(user, bc, ⟨SIGN$_b$(letter$_b$), SIGN$_c$(letter$_b$)⟩, e, sign$_e$(Tx)) 和 Tx _ PERMISSION(user, bc, ⟨SIGN$_a$(letter$_a$), SIGN$_b$(letter$_a$)⟩, f, sign$_f$(Tx))。管家节点 $B_2 : c$ 收集所有未确认的事务,封装成 Pre-Block 发送给委员节点 a, b, c。委员节点 b, c 收到 Pre-Block 并验证无误后发送对 Pre-Header 的签名给管家节点 $B_2 : c$,并更新该管家节点的分数。而委员节点 a 因网络延迟未收到 Pre-Block,管家节点 $B_2 : c$ 根据委员节点 b, c 的签名,生成并发布区块 Block($h = 1, hs = 0, M = 1, \text{time} = 02 : 16 : 06, R = 1, \text{sign}_c$)。当前区块的时间与上一区块(创世区块)的时间差为 $6s < T_b = 10s$,且拥有半数以上委员的签名同意,故区块有效,所有委员节点收到区块后给区块生成者加分,此时三个委员节点中存有的管家候选人分数列表为 SCORE$_a${a : 0, b : 0, c : 1}, SCORE$_b${a : 0, b : 0, c : 2}, SCORE$_c${a : 0, b : 0, c : 2}。

(2) $02 : 16 : 06 \sim 02 : 16 : 13$。节点 g, h 加入网络,但仅作为普通用户身份,不申请候选人,由管家节点 $B_1 : b$ 生成区块 Block($h = 2, hs = 0, M = 1, \text{time} = 02 : 16 : 13, R = 2, \text{sign}_b$),各委员节点分数列表为 SCORE$_a${a : 0, b : 2, c : 1}, SCORE$_b${a : 0, b : 2, c : 2}, SCORE$_c${a : 0, b : 2, c : 2}。

(3) $02 : 16 : 13 \sim 02 : 16 : 21$。节点 d, e, f 变更身份为管家候选人的事务在 $h = 1$ 的区块中,由于其后续 $h = 2$ 的区块校验合格,$h = 1$ 的区块中所有事务都得到最终确认,节点 d, e, f 正式成为管家候选人,各节点更新管家候选人列表。本轮共识由管家节点 $B_2 : c$ 生成区块 Block($h = 3, hs = 0, M = 1, \text{time} = 02 : 16 : 21, R = 0, \text{sign}_c$),各委员节点分数列表为 SCORE$_a${a : 0, b : 2, c : 3}, SCORE$_b${a : 0, b : 2, c : 4}, SCORE$_c${a : 0, b : 2, c : 4}。

(4) $02 : 16 : 21 \sim 02 : 16 : 28$。判断上一区块的 $h - hs = B_w = 3$,因此本轮共识将产生 $h = 4$ 的特殊区块。委员节点 a, b, c 向管家节点 $B_0 : a$ 发送各自的选票事务 Tx _ VOTE({c, d, f}, sign$_a$), Tx _ VOTE({c, d, e}, sign$_b$), Tx _ VOTE({c, d, e}, sign$_c$),其中每个选票事务中的 3 张票,前半数选票(即 3 除以 2 再向上取整等于 1)是根据评分最高的管家候选人名单得出的,其余票数随机投给未参与本轮任职周期的管家候选人。管家节点 $B_0 : a$ 统计选票排名 {c : 3, d : 3, e : 2, b : 0, f : 1, a : 0},根据管家人数 $N_b = 3$ 给出新一轮管家节点名单 {$B_0 : c, B_1 : d, B_2 : e$}。投票结果和原始投票事务打包进 Pre-Block 发送给所有委员节点,收集委员节点签名后生成区块 Block($h = 4, hs = 4, M = 1, \text{time} = 02 : 16 : 28, R = 2, \text{sign}_a$),各委员节点分数列表为 SCORE$_a${a : 2, b : 2, c : 3}, SCORE$_b${a : 2, b : 2, c : 4}, SCORE$_c${a : 2, b : 2, c : 4}。

$02 : 16 : 28$ 开始第二轮任职周期,如图 4.23 所示,由管家节点 {$B_0 : c, B_1 : d, B_2 : e$} 轮流负责封装区块,经过 4 轮共识,产生 3 个普通区块和 1 个特殊区块。这一轮共识周期实例中,第 2 轮与第 3 轮共识将考虑因超时和签名未过半而产生无效区块的情况。

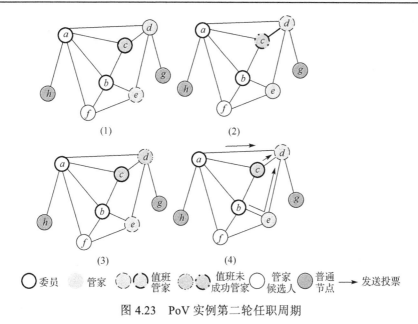

图 4.23　PoV 实例第二轮任职周期

（1）$02:16:28 \sim 02:16:33$。管家节点 $B_2:e$ 生成 Pre-Block，委员节点 b,c 收到后返回签名给管家节点 $B_2:e$，委员节点 a 因网络原因未收到 Pre-Block。管家节点 $B_2:e$ 根据委员节点 b,c 的签名生成并发布区块 Block($h=5, hs=4, M=1, \text{time}=02:16:33$, $R=0, \text{sign}_e$)，各委员节点分数列表为 $\text{SCORE}_a\{a:2,b:2,c:3,d:0,e:1,f:0\}$，$\text{SCORE}_b$ $\{a:2,b:2,c:4,d:0,e:2,f:0\}$，$\text{SCORE}_c\{a:2,b:2,c:4,d:0,e:2,f:0\}$。

（2）$02:16:33 \sim 02:16:43 \sim 02:16:45$。管家节点 $B_0:c$ 生成 Pre-Block，委员节点 a,b,c 收到后返回签名给管家节点 $B_0:c$。因网络延迟，管家节点 $B_0:c$ 根据委员节点 a,b,c 的签名生成并发布的区块 Block($h=6, hs=4, M=1, \text{time}=02:16:42, R=0$, sign_c) 迟迟未被网络中的其他节点收到。$02:16:43$ 时刻后，记账权移交给管家节点 $B_1:d$，开始重新生成 Pre-Block，委员节点 a,b 收到后返回签名给管家节点 $B_1:d$，委员节点 c 因已经收到了自己生成的 Block，对 $B_1:d$ 生成的 Pre-Block 验证不通过并对发送此 Pre-Block 的管家节点扣分。$B_1:d$ 根据委员节点 a,b 的签名生成并发布区块 Block($h=6, hs=4, M=2, \text{time}=02:16:45, R=1, \text{sign}_d$)，Block 顺利转发到委员节点 a,b,c。委员节点对管家节点 c 的超时发送区块行为扣分，各委员节点分数列表为 $\text{SCORE}_a\{a:2,b:2,c:2,d:2,e:1,f:0\}$，$\text{SCORE}_b\{a:2,b:2,c:3,d:2,e:2,f:0\}$，$\text{SCORE}_c$ $\{a:2,b:2,c:4,d:-1,e:2,f:0\}$。

（3）$02:16:45 \sim 02:16:55 \sim 02:16:59$。管家节点 $B_1:d$ 生成 Pre-Block，委员节点 c 收到后返回签名给管家节点 $B_1:d$，委员节点 a,b 因网络延迟未收到 Pre-Block，管家节点 $B_1:d$ 强行根据委员节点 c 的签名生成并发布区块 Block($h=7, hs=4, M=1$,

$\text{time} = 02:16:53, R = 0, \text{sign}_d$），委员节点 a, b, c 收到区块后验证签名数量不通过对其扣分。 $02:16:55$ 时刻后，还未收到合法区块的管家节点 $B_2:e$ 开始重新生成 Pre-Block，委员节点 a, b, c 收到后返回签名给管家 $B_2:e$，$B_2:e$ 生成并发布区块 $\text{Block}(h = 7, hs = 4, M = 2, \text{time} = 02:16:59, R = 1, \text{sign}_e)$，并顺利转发到委员节点 a, b, c。各委员节点分数列表更新为 $\text{SCORE}_a\{a:2, b:2, c:2, d:0, e:3, f:0\}$，$\text{SCORE}_b\{a:2, b:2, c:3, d:0, e:4, f:0\}$，$\text{SCORE}_c\{a:2, b:2, c:4, d:-2, e:4, f:0\}$。

（4）$02:16:59 \sim 02:17:07$。判断上一区块的 $h - hs = B_w = 3$，因此本轮共识将产生 $h = 8$ 的特殊区块。委员节点 a, b, c 向管家节点 $B_1:d$ 发送各自的选票事务 $\text{Tx\_VOTE}(\{e, a, f\}, \text{sign}_a), \text{Tx\_VOTE}(\{e, b, f\}, \text{sign}_b), \text{Tx\_VOTE}(\{c, a, f\}, \text{sign}_c)$，其中每个选票事务中的 3 张票，前半数选票是根据评分最高的管家候选人名单得出的，其余票数随机投给未参与本轮任职周期的管家候选人。管家节点 $B_1:d$ 统计选票排名 $\{f:3, a:2, e:2, b:1, c:1, d:0\}$，根据管家人数 $N_b = 3$ 给出新一轮管家节点名单 $\{B_0:f,$ $B_1:a, B_2:e\}$，投票结果打包进 Pre-Block 发送给所有委员节点验证，收到半数签名后生成区块 $\text{Block}(h = 8, hs = 8, M = 1, \text{time} = 02:17:07, R = 0, \text{sign}_d)$，各委员节点分数列表为 $\text{SCORE}_a\{a:2, b:2, c:2, d:2, e:3, f:0\}$，$\text{SCORE}_b\{a:2, b:2, c:3, d:2, e:4, f:0\}$，$\text{SCORE}_c\{a:2, b:2, c:4, d:0, e:4, f:0\}$。

4.6　PoV 共识分析

共识机制最重要的问题是如何保障安全性和可用性。目前的公有链共识机制大多为了保障安全性而牺牲了部分性能，PoV 共识基于联盟节点可信的特点，配合恰当的共识决策，在保证算法正确性的同时降低了区块链事务确认的延迟，从而提升了系统的工作性能。本节将基于经典分布式理论和共识理论的基本要求，从共识正确性和共识安全性两方面进行分析。

4.6.1　共识的正确性

PoV 共识算法基于以下假设。

假设 1。弱同步模型：全部委员节点的时间都是同步的，由于委员节点是联盟成员节点，使用 NTP 时间同步协议可以保证毫秒级的时间同步。

假设 2。全部委员节点都是可信的且半数以上的委员节点可以正常工作：作为联盟链中的成员节点，委员节点使用安全防备系数更高的操作系统和配置，一般情况下不会出现委员节点单独攻击系统的情况，若有，则此联盟成员也会很快被逐出联盟，并由剩下的联盟委员节点修复系统遭受到的损失，因此联盟委员节点可认为是全部可信的。每个委员节点可能是一个企业的内部集群，集群内部使用强一致性算法如 Paxos 保证同步并对外提供不间断服务，因此其宕机无法工作的可能性不大。

假设 3。至少有一个管家节点诚实工作：为保证算法的可终止性，至少需要一个管家节点诚实正常工作，考虑到委员节点可以兼任管家节点这一设置，本条假设可以成立。

假设 4。即使系统被分区，至少存在一个分区仍满足上述的假设 1～3。

在以上假设的基础上，PoV 共识满足以下三个条件保证其正确性。

一致性：区块链系统所有节点内的区块链数据副本能够达到一致的状态，且 PoV 具有共识可终止性（只需要一个区块确认即可实现事务的最终确认和不可篡改性）。

活跃性：共识算法可以使得系统提供的服务处于可用状态，对于用户的每一个操作请求总能够在有限的时间返回结果，对于共识进程的运行也可以在有限的时间产出区块。PoV 共识在合适的参数设置下可以保证管家节点顺利且持续地产出有效区块。

分区容忍性：系统在发生任何网络分区故障时，仍然能够保证对外提供满足一致性和可用性的服务。PoV 共识可以实现一定程度的分区容忍性。

1. 一致性

定理 4.1（终止性） 在 PoV 模型假设前提下，PoV 共识结果可以在有限时间内完成。

证明 PoV 共识将生成区块的执行权和校验权分离，分别交由管家节点和所有的委员节点，只有获得半数以上委员节点的签名同意，区块才能被正常合法地生成。当且仅当发生①管家节点无法生成区块或者②管家节点生成的区块无法通过半数以上委员同意的情况时，无法按时生成区块。若其中任何一个条件永久成立，PoV 共识将无限循环下去，无法生成任何区块，也无法达成系统的共识。针对情况①，PoV 共识算法中设置了执行权的轮换规则，管家必须在规定的值班周期 T_b 内生成有效区块，所有节点通过 NTP 协议同步时间，若当前管家节点超时，区块封装的执行权将自动移交给编号加一的管家节点。因此，在所有管家节点中，只需要至少一个诚实且正常工作的管家，就能够生成正确区块。在假设 3 下，由于可信的委员节点可以同时兼任管家角色，情况①不成立。针对情况②，只要管家节点可以诚实地生成一个正确的 Pre-Block，正常工作的委员节点就会对该 Pre-Block 签名同意，只有在委员宕机无法工作或被分区隔离无法接收 Pre-Block 的情况下，情况②才可能成立。在假设 2 和假设 4 下，情况②不成立。综上所述，在 PoV 模型假设前提下，PoV 共识结果可以在有限时间内完成，定理 4.1 成立，证毕。

定理 4.2（共识性）　在 PoV 模型假设前提下，不同节点最终完成决策的结果应该相同。

证明　不同节点使用 PoV 共识完成最终决策的结果相同，意味着各节点最终保存的区块链数据相同。首先用第二数学归纳法证明引理 4.1，进而证明引理 4.2 在联盟链场景中，由于联盟委员节点是系统提供方，网络中所有节点的数据会以联盟委员节点的数据为标准进行同步，因此证明过程考虑将共识范围从全网节点缩小至联盟委员节点。在系统节点保持同大部分委员节点数据一致的情况下，不同节点最终保存的区块链数据一致，决策结果相同，定理 4.2 成立，证毕。

引理 4.1　系统中出现一个高度为 h 且格式完备校验无误的区块 Block_h 是区块 $\text{Block}_0 \sim \text{Block}_{h-1}$ 中的事务都已拥有一致性且无法被篡改的充分条件。

证明　当 $h=0$ 时，Block_0 是创世区块，由代理委员生成并确保每个委员节点都签名认可创世区块的生成，因此每个委员节点都将保存相同的创世区块。

当 $h=1$ 时，系统中出现了格式校验完备的 Block_1，说明半数以上委员节点对 Block_1 的 Pre-Block 都进行了校验签名。存在一个包含半数以上委员节点的集合 C，C 中的每个委员节点都拥有 Block_0。实际上，此时系统中的每个委员节点早已保存了相同的创世区块，Block_0 的事务已经拥有一致性，结论成立。

假设 $h \leqslant k$ 时结论成立，即当系统中出现一个高度为 k 且格式校验完备的 Block_k 时，则区块 $\text{Block}_0 \sim \text{Block}_{k-1}$ 中的事务都已拥有一致性。

当 $h=k+1$ 时，因为 Block_{k+1} 的格式校验完备，所以 Block_{k+1} 中的 Final-Header 中包含了超过半数委员节点的签名，即存在一个包含半数以上委员节点的集合 C'，C' 中的每个委员节点都对 Block_{k+1} 对应的 Pre-Block 进行了签名，并由管家节点将签名集合放置于 Block_{k+1} 的 Final-Header 中，因此 C' 中的每个委员节点都已经拥有相同且通过完备格式校验的 Block_k，否则 Block_{k+1} 在 C' 中的委员节点处不可能校验通过，也不可能被管家节点生成，更不可能通过格式校验。因为存在通过完备格式校验的 Block_k，且区块 $\text{Block}_0 \sim \text{Block}_{k-1}$ 中的事务都已拥有一致性，所以 C' 中所有委员节点都拥有相同的 $\text{Block}_0 \sim \text{Block}_k$，结论成立。

综上所述，引理 4.1 成立，证毕。

引理 4.2　PoV 共识下产生的联盟链不分叉。

证明　引理 4.2 等价于使用 PoV 共识产生的联盟链中可能会出现无效的区块，但不会出现两个分叉，默认一个分叉的区块数量 $\geqslant 2$。

使用反证法。假设如图 4.24 所示，PoV 共识存在分叉的情况，即存在不同的两个区块 Block_{h+1} 和 Block'_{h+1}，Block_{h+1} 的父块为 Block_h，Block'_{h+1} 的父块为 Block'_h，Block_h 和 Block'_h 是不同的区块。

因为 $Block_{h+1}$ 存在，说明存在一个包含半数以上委员节点的集合 C，C 中各节点保存了相同的 $Block_h$，在此基础上对 $Block_{h+1}$ 的 Pre-Block 进行了验证签名，并被值班管家写入 $Block_{h+1}$ 的 Final-Header 中。

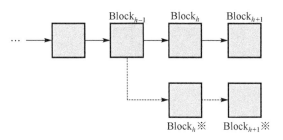

图 4.24　PoV 共识分叉

同理，因为 $Block'_{h+1}$ 存在，说明存在一个包含半数以上委员节点的集合 C'，C' 中各节点保存了相同的 $Block'_h$，在此基础上对 $Block'_{h+1}$ 的 Pre-Block 进行了验证签名，并被值班管家写入 $Block'_{h+1}$ 的 Final-Header 中。

因为 C 和 C' 均为包含半数以上委员节点的集合，它们必定至少包括一个公共的委员节点，即 $C \cap C' \neq \varnothing$。设 $C \cap C' = A$，因为 $A \in C$，A 中的任意一个委员节点保存的 $Block_h^A = Block_h$。同理，因为 $A \in C'$，A 中的任意一个委员节点保存的 $Block_h^A = Block'_h$，可得 $Block_h = Block'_h$。

因此假设不成立，区块数量 ≤1 的分叉为无效，其区块无法被确认，如图 4.25 所示，联盟链不分叉，引理 4.2 成立，证毕。

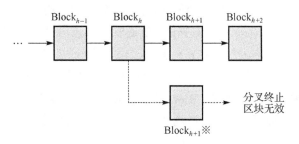

图 4.25　PoV 共识不分叉

推论 4.1　PoV 共识中的事务只需要一个区块的确认即可证明其最终性和不可篡改性。

证明　根据引理 4.1 和引理 4.2，可知系统不会出现区块数 ≥2 的分叉，但可能存在无效区块。事务 Tx 被封装进一个区块 $Block_h$ 后，一旦出现了以 $Block_h$ 为父区块的区块 $Block_{h+1}$，Tx 就存在于半数以上的委员节点保存的区块链中，具有最终性和不可篡改性。

最终 PoV 共识生成的联盟链中有效区块和无效区块共存但不分叉的示意图见图 4.26。

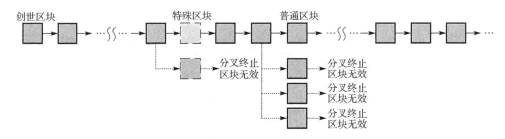

图 4.26　PoV 共识有效区块和无效区块共存示意图

通过一个简单的例子就可以说明 PoV 共识不产生分叉，仅需一个区块即可确认的特性。如图 4.27 所示，假设系统在 T_0 时刻生成了合法区块，且委员节点 C_1, C_2, C_3 拥有此区块。在 $T_0 - (T_0 + T_b)$ 期间，对 C_1, C_2, C_3 来说管家 i 是值班管家，于是对其产生的 Pre-Block 返回验证签名。但由于网络延迟原因，管家 i 发布的 Final-Block 只到达了 C_1，未能及时到达 C_2, C_3，区块时间为 T_1。于是在 $(T_0 + T_b) - (T_1 + T_b)$ 期间，对 C_1 来说值班管家是管家 j，对 C_2, C_3 来说值班管家是管家 $i+1$，因此委员节点 C_1 只会向管家 j 发来的 Pre-Block 返回验证签名，委员节点 C_2, C_3 只会向管家 $i+1$ 发来的 Pre-Block 返回验证签名，管家 $i+1$ 生成的 Final-Block 时间为 T_2。在 $(T_1 + T_b)$ 时刻之后，收到管家 $i+1$ 发来的 Final-Block 之前，对 C_1 来说值班管家是管家 $j+1$，对 C_2, C_3 来说值班管家是管家 $i+2$。当收到了管家 $i+1$ 发来的 Final-Block 后，委员节点 C_1, C_2, C_3 重新更新内存池以及系统变量，值班管家为新区块的 R 值指定管家 k 之后，C_1, C_2, C_3 只会对管家 k 发来的 Pre-Block 进行验证签名。管家 i 迟迟到达的 Final-Block 则会被委员节点 C_2, C_3 拒收，反而会收到委员节点返回的最新区块。当网络中出现了管家 k 生成的 Final-Block 时，说明管家 i 和管家 $i+1$ 中，管家 $i+1$ 生成的区块才是真正有效的区块，其内部的事务被最终确定。而当管家 k 生成的 Final-Block 到达所有委员节点后，最终系统会认为管家 $i+1$ 和管家 k 生成的区块有效，管家 i 生成的区块无效，管家 j 生成的区块无法收集到超过半数委员节点的签名，也无法产生 R 值指定后续管家。

因此仅需要得到管家 k 生成的区块，即可证明管家 $i+1$ 生成的区块的最终性和不可篡改性，推论 4.1 成立，证毕。

推论 4.2　PoV 共识算法可以保证联盟链中的每一个委员节点对外提供的决策或服务相同。

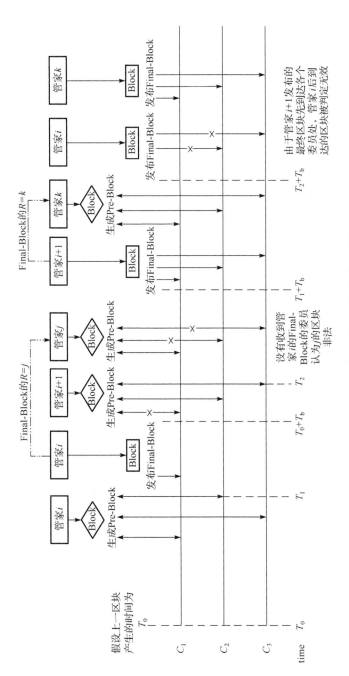

图 4.27　PoV 共识不产生分叉举例

证明　由于区块链上的旧数据具有不可篡改性,所以若客户端向联盟链系统发出请求读取最新区块链数据,联盟中的每一个委员节点返回的响应均为同一区块,即可证明推论 4.2 成立。在系统不分区的情况下,当一个节点接入联盟链网络后,首先向委员节点申请同步区块,只需确保其最高区块数据〈Height,Hash〉与半数以上委员节点相同,即可获得当前系统最新最全的区块数据。当客户端向联盟链系统某一委员节点发出读取最新区块数据的请求时,此委员节点通过向其他委员发送最高区块高度请求,只要本地的最高区块数据〈Height,Hash〉与半数以上委员节点相同,即可将最高区块高度发回给客户端。对于任意一个委员节点来说,返回客户端的结果是一样的,因此推论 4.2 成立,证毕。

2. 活跃性

为了经过层层推荐和竞争成为管家,获得记账权并得到相应的奖励,管家节点必须保持最大时间在线,按照联盟协议的规定诚实工作,在规定的时间内完成生成区块的职责。

引理 4.3　PoV 共识中的管家节点经过优胜劣汰的竞选,生成合法区块的效率会逐渐提高。

证明　若管家节点没有遵循联盟发布的协议生成区块,导致委员节点验证区块不正确,或者管家不在线导致超时,该管家节点的评分在所有正常工作委员节点的评分列表中都会被相应地扣除,竞选时得到票数的概率降低,若竞选失败则无法获得收益。可以证明,企图生成非法区块的管家节点无法获得任何收益也很难再次竞选成功,能够在优胜劣汰的竞选中竞选成功的管家节点都是可靠的,系统也会越来越可靠。

定理 4.3　PoV 共识可以实现共识机制的活跃性,持续产生有效区块。

证明　PoV 共识在委员节点、管家节点和管家候选人之间协作运行,产生有效区块。其中,委员节点仅需符合假设 2,即可对管家节点生成的区块持续进行有效性验证和投票;而管家候选人在非任职期间,功能与普通节点无异。因此在 PoV 共识算法中,最重要的是管家节点能否持续有效地产出合法区块。通过引理 4.3 辅助证明定理 4.3,若引理 4.3 成立,即证明系统持续存在诚实工作的管家节点。结合 PoV 共识的假设,考虑最坏的情况,仅有一个可以诚实工作的管家节点,其正常生成的区块也可得到半数以上委员节点的认可,从而顺利生成 Final-Block,其他管家节点生成非法区块的行为仅能拖延系统产出区块的速度,系统将记账权交给编号顺延的下一位管家,直到记账权属于仅有的诚实管家节点,系统即可生成有效区块,定理 4.3 成立,证毕。

下面对 PoV 共识的投票过程(包括评分机制和奖励机制)建立模型来证明管家的

可靠性是可控的。通过两个参数来调整管家节点工作的可靠性和活跃性：委员节点投票的票数和管家收益。

首先讨论委员节点投票的票数 K。

根据投票规则，在每一轮选举当中，N_c 个委员节点从 N_{bc} 个管家候选人里投票选出 N_b 个管家节点。假设 $N_{bc} \geq N_b$，这一过程可以建立投票数学模型，分析每位委员节点至少投出多少票即可以选出一个合理的管家列表，使得这个列表能得到半数委员节点的同意而促成特殊区块的顺利生成。

考虑没有评分机制影响的模型。假设委员节点的投票名单是随机的，没有弃票，每个委员节点都投出了 K 票，即给出了一份含有 K 个节点地址的投票名单，那么每个管家候选人从一个委员节点处得到一票的概率均为 $\dfrac{K}{N_{bc}}$，投票活动服从二项分布原则。管家候选人 j 获得 X 票的概率为

$$P_j(X) = \frac{N_c!}{X!(N_c - X)!}\left(\frac{K}{N_{bc}}\right)^X \left(1 - \frac{K}{N_{bc}}\right)^{N_c - X} \tag{4.3}$$

通过改变 K 的值，可以使得当选管家节点获得的平均得票数超过委员节点数量的一半 $\dfrac{N_c}{2}$，从而投票结果可以通过过半数委员节点的同意，顺利生成特殊区块。上述事件的概率为

$$P_{1j} = \sum_{i=\frac{N_c}{2}}^{N_c} \frac{N_c!}{i!(N_c - i)!}\left(\frac{K}{N_{bc}}\right)^i \left(1 - \frac{K}{N_{bc}}\right)^{N_c - i} \tag{4.4}$$

管家候选人 j 从 N_{bc} 个候选人中成功当选为管家节点的概率为

$$P_{2j} = \frac{N_b}{N_{bc}} \tag{4.5}$$

$$P_{1j} > P_{2j} \tag{4.6}$$

根据式(4.4)和式(4.5)，对任意 j 均满足式(4.4)的最小 K 值是最优的投票数量。

举个例子，设置参数 $N_c = 20, N_b = 50, N_{bc} = 200$。用 MATLAB 作 P_{1j} 和 P_{2j} 的图像，如图 4.28 所示，横坐标为 K，纵坐标为概率值，可以看到曲线的交叉点就是 K 的最优值。

由图 4.28 可知，最优值 $K = 81$。此时，每个委员可提交 81 票，管家节点得到的票数大概率超过委员节点数量的一半，意味着当选管家能得到半数委员节点以上的认可。这种策略使得投票结果更加科学公正，避免特殊区块无法生成，即出现投票结果无法得到大多数成员认可的情况。在不同的应用场景中，可以根据 N_c, N_b, N_{bc} 的值轻易地计算出 K 的最优取值。

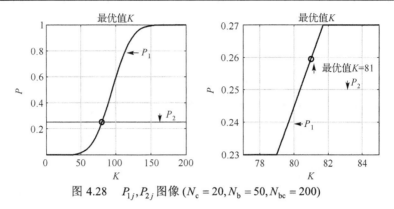

图 4.28　P_{1j}, P_{2j} 图像 $(N_c = 20, N_b = 50, N_{bc} = 200)$

下面加入对评分机制的考虑以调控管家节点的诚实工作因素。

管家候选人 j 在当选管家期间越诚实工作,得到委员节点验证同意的概率越高,生成的合法区块越多,在所有委员节点的评分列表中得到的分数越高,得到竞选票数的概率也会越高。用诚实因子 α_j 表示该节点得到委员节点投票的概率与平均概率的偏差,修正管家候选人 j 获得过半票数的概率为

$$P_{3j} = \sum_{i=\frac{N_c}{2}}^{N_c} \frac{N_c!}{i!(N_c-i)!}\left(\frac{K}{N_{bc}}+\alpha_j\right)^i\left(1-\frac{K}{N_{bc}}-\alpha_j\right)^{N_c-i}, \quad -\frac{K}{N_{bc}} < \alpha_j < 1-\frac{K}{N_{bc}} \quad (4.7)$$

$\alpha_j > 0$ 说明该管家候选人得票概率高于平均水平, $\alpha_j < 0$ 则说明该管家候选人得票概率低于平均水平。

通过设置 $\alpha_j = -0.3, -0.2, -0.1, 0, 0.1, 0.2, 0.3$,对比不同情况的概率分布,得到的结果如图 4.29 所示。可以看出,当 K 确定后(例如, $K = 81$),管家候选人 j 越是诚实工作,得到票数的概率越高,越有可能成功当选。

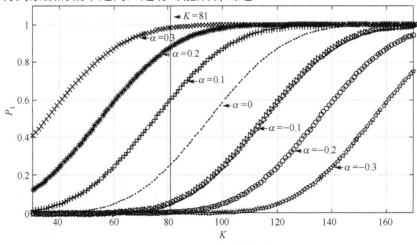

图 4.29　α_j 不同时得票概率对比

接着讨论第二个参数：管家收益。不考虑评分机制，在一个任职周期中，管家候选人 j 有概率 $\dfrac{N_b}{N_{bc}}$ 当选为管家节点，而在每一个任职周期中，管家节点有 $\dfrac{1}{N_b}$ 的概率封装区块，所以对于管家候选人 j，生成一个有效区块的概率为

$$p_j = \frac{1}{N_{bc}} \tag{4.8}$$

假设管家候选人 j 生成一个有效区块的工资是 B_j，单位时间(单个值班周期)内用于挖矿的成本(包括能源消耗和硬件投资)为 e_j，在每一个值班周期内，管家候选人 j 能当选成为管家节点且能被选中为值班管家生产区块的事件用 E_{jk} 表示：

$$E_{jk} = \begin{cases} 1, & p_j \\ 0, & 1-p_j \end{cases}, k = 1, 2, \cdots, n \tag{4.9}$$

E_{jk} 满足二项分布，可以推导出经过 n 个封装周期后，节点 j 可以得到的收益为

$$R_j = \sum_{k=1}^{n} E_{jk} \times B_j - e_j \times n \tag{4.10}$$

平均收益和方差为

$$\mu(R_j) = n \times p_j \times B_j - e_j \times n \tag{4.11}$$

$$D(R_j) = n \times B_j^{\,2} \times p_j \times (1-p_j) \tag{4.12}$$

只有当 $\mu(R_j) > 0$ 时节点 j 才有可能盈利，据此可建立破产模型。如果一个节点在参与记账共识的过程中其收入尚不能填补其在长时间等候记账过程中的成本，则称该节点处于破产状态，将因入不敷出而退出网络。一个参与竞选的节点 j 的破产概率为

$$P[\mu(R_j) < 0] \tag{4.13}$$

考虑评分机制。结合式(4.7)~式(4.13)可知，管家候选人 j 越是诚实可靠工作并保持长时间在线，在各个委员节点处得到高评分的概率越高，α_j 值越大，竞选管家节点的得票概率 P_{3j} 越高，成为值班管家并获得记账权的概率 $p_j \approx \dfrac{P_{3j}}{N_b}$ 越高，平均收益 $\mu(R_j)$ 也越大，破产概率 $P[\mu(R_j) < 0]$ 相应越低，它在竞选管家的过程中越不容易破产，那么它持续保持诚实可靠工作且长时间在线的动力也越大，由此形成一个正向激励，促使管家节点越来越诚实可靠工作。反之同样可以推论，企图作恶或被感染的节点 k 因为生成无效区块的次数较多，在各个委员节点处评分较低，α_k 值较小，当选概率 P_{3k} 变小，获得记账权的概率 p_k 降低，得到的平均收益 $\mu(R_k)$ 也越来越

低，会最终导致入不敷出而自动退出这个网络。由于 PoV 共识算法的安全性保障，恶意节点对网络的攻击仅限于当选为管家时刻意生成无效区块来拖延系统产出有效区块的速度，导致系统吞吐量变小，而这样的恶意节点最终会因为系统的激励机制被逐渐淘汰出局。

除了淘汰恶意节点，激励机制的设置也可以有效地限制系统的管家节点数目。由式 (4.11) 可知，系统对于节点 j 封装区块的收益 B_j 必须满足条件 $\mu(R_j) > 0$，否则大部分管家节点都将入不敷出而使得管家节点数量降低，影响系统的安全性，即

$$B_j > \frac{e_j}{p_j} \approx N_{bc} \times e_j \tag{4.14}$$

观察式 (4.14)，可知封装区块的收益 B_j 可以根据系统期望的管家候选人数量来设定，这也意味着能够通过改变收益 B_j 来调控系统中期望的管家候选人数量。若管家候选人数量过多，必然存在节点入不敷出，即节点的收益低于等待区块生成的过程中耗费的成本，导致破产退出管家候选人团队，从而有效地控制了管家数量，也提高了优秀管家的积极性。因此，引理 4.3 成立，证毕。

3. 分区容忍性

定理 4.4　PoV 共识在分区运行的情况下，仅需某一分区包含半数以上正常运行的委员节点以及至少一个诚实工作的管家节点即可保持持续运作。

证明　根据定理 4.1，在分区的情况下，若某一分区包含半数以上正常工作的委员点以及至少一个诚实工作的管家节点，该分区即可持续运行并产出区块。其他分区因委员节点数量不足，共识过程将陷入不断循环替换管家节点的流程，无法生成新区块。因此，仅有该分区存在时，系统也可以持续运作，定理 4.4 成立，证毕。

推论 4.3　PoV 共识在分区情况下也不会分叉。

证明　考虑到网络分区是引发区块链分叉的重要因素，本证明将论证 PoV 共识在极端分区情形下也不会分叉。考虑网络被割裂分为两个完全独立的分区 A 和 B，$A \cap B = \varnothing$，只要其中一个分区的委员节点数量满足 $|A| \geqslant \left\lfloor \dfrac{N_c}{2} \right\rfloor + 1$ 或 $|B| \geqslant \left\lfloor \dfrac{N_c}{2} \right\rfloor + 1$，且至少有一个诚实工作的管家节点，根据定理 4.4，在该分区的区块依然可以被有效地生成。假设分区 A 满足上述两个条件，则 $|B| \leqslant \left\lfloor \dfrac{N_c}{2} \right\rfloor$，分区 B 中的事务无法被验证，也无法被写入区块，因此在分区 B 不可能有新链产生。因此，在满足某一分区的委员节点和诚实管家节点数量条件下，PoV 共识允许分区而不分叉，证毕。

4.6.2　共识的安全性

定理 4.5　设系统中联盟节点数为 N_c，当系统中有效工作的联盟委员节点

$N_{\text{ceff}} \geqslant \left\lfloor \dfrac{N_c}{2} \right\rfloor + 1$，区块链中的数据都可保证是安全合法的。

证明　使用反证法，假设非法区块可以得到有效验证。有效区块必须获取不低于 $\left\lfloor \dfrac{N_c}{2} \right\rfloor + 1$ 个签名，因为系统中有效工作的委员节点数量不低于 $\left\lfloor \dfrac{N_c}{2} \right\rfloor + 1$，且有效工作的委员节点不会给非法区块签名验证，甚至还会降低发送非法区块的管家节点的诚实因子，所以非法区块得到的签名数不超过 $\left\lfloor \dfrac{N_c}{2} \right\rfloor$。因此，假设不成立，原命题正确，证毕。

1. 双花攻击

PoV 共识中不存在双花攻击。由于 PoV 应用在联盟链场景中，所有的交易均会通过半数以上联盟委员节点的验证。联盟委员节点在网络中被认为是可信的联盟链系统的服务方，任何矛盾的和不可共存的事务不会被同时验证通过。一旦这两笔矛盾事务的其中之一被验证通过写入链上，依据推论 4.1，等待一个区块的确认后，另一个与之不可共存的事务则无法被半数以上的委员节点验证通过，也无法得到确认。因此在任何时候，系统仅允许存在双花攻击的两个事务之一合法地写在链上。所以 PoV 共识可避免双花攻击，甚至在系统记账错误的情况下，通过半数以上委员节点协商同意，通过追加一笔新的事务来填补之前记账错误造成的影响。PoV 共识可以极大地发挥联盟的作用，大大提高系统的安全可靠性。

2. 自私挖矿

由于 PoV 共识的记账节点是随机指定的，且管家节点需要经过竞选进行不断轮换，因此 PoV 共识不存在 PoW 共识中通过囤积区块来获取更高共识收益的情况。但在 PoV 共识过程中，由于加入了激励机制，某些程度上也存在自私挖矿攻击的可能。

讨论一种可能存在于 PoV 共识的自私挖矿攻击方式——碰撞 R。由于值班管家是由上一个合法区块的 R 值指定的，虽然指定了随机数的产生算法，但依然存在手段使得本节点成为下一值班管家的可能性提高，尤其是在管家数量极少的情况下。

碰撞 R：随机数的产生过程是对 Pre-Block 收到的所有委员节点签名集合 $Q = \{\cdots, \langle C\_time(i), C\_sign(i)\rangle, \cdots\}$ $\left(0 \leqslant i < K, \left\lfloor \dfrac{N_c}{2} \right\rfloor < K \leqslant N_c\right)$ 进行升序排列，取 C_time 最大的签名作为随机数算法的输入，算法输出 R 值即指向下一值班管家的编号，收到数量为 K 的委员节点签名即可计算随机数并生成 Final-Block。若值班管家为自私挖矿攻击者，则有可能选取不同组合的过半数委员节点签名，得到不同的 R 值，这

一过程称为碰撞 R。碰撞出来的 R 值集合为 $\mathfrak{R} = \{R_1, R_2, R_3, \cdots\}$，若 $\mathfrak{R}$ 中存在攻击者的编号，攻击者将成为下一值班管家，正常生成区块，赚取记账收益。在极低的概率下，攻击者可能长期占据值班管家的角色，生成区块以获得更多收益。

接下来对碰撞 R 的过程进行建模分析。由于管家候选人的竞选过程与生成随机数 R 的过程是相互独立的，排除攻击者是否竞选成功的概率分析。假设当前任期内管家集合为 $B = \{B_0, B_1, B_2, \cdots, B_{N_b-1}\}$，需要生成的区块数量为 $B_w + 1$，值班周期为 $T = \{\tau_0, \tau_1, \cdots, \tau_i, \cdots\}$。假设攻击者 f 已经当选管家且轮到它的值班周期，$f \in B$，值班管家（攻击者）编号为 B_f，在当前值班时间区间 τ_f 内产生的 Pre-Block 收到的所有委员节点签名集合为 $Q_f = \{\cdots, \langle C\_time(k), C\_sign(k)\rangle, \cdots\}(0 \leqslant k < N_c, C\_time(k) \leqslant C\_time(k+1))$。考虑最坏的情况，攻击者 f 每次都能收集到全部委员节点的签名，假设 Q_f 按 C_time 的升序排列。令 $Q_{f_1}(k)$ 表示 Q_f 的子集且仅含一个元素，即 $Q_{f_1}(k) = \{\langle C\_time(k), C\_sign(k)\rangle\}$，$Q_{f_n}(k, m)$ 为 Q_f 的子集，其中 $0 < n \leqslant m - k$，代表从 $Q_{f_{m-k}}(k, m) = \{\langle C\_time(k), C\_sign(k)\rangle, \cdots, \langle C\_time(m), C\_sign(m)\rangle\}$ 中随意选择 n 个元素组成的集合。

对于 B_f 来说，最大程度碰撞 R 的组合是 $Q_{f_n}(1, k) \cup Q_{f_1}(k+1)$，$\left\lfloor \dfrac{N_c}{2} \right\rfloor < n \leqslant N_c$。攻击者角度的最佳策略是在 Q_f 中先挑选一个满足 $k \geqslant \left\lfloor \dfrac{N_c}{2} \right\rfloor$ 的 $Q_{f_1}(k+1)$ 作为写入 Final-Block 的委员节点签名列表中 C_time 最大的签名，再从 $Q_{f_k}(1, k)$ 中选择 n 个签名组成集合 $Q_{f_n}(1, k)$，即 $Q_{f_n}(1, k)$ 中元素的 C_time 均小于 $Q_{f_1}(k+1)$，使得 $\left| Q_{f_n}(1, k) \cup Q_{f_1}(k+1) \right| = n + 1 \geqslant \left\lfloor \dfrac{N_c}{2} \right\rfloor + 1$，且 C_time 的最大值被指定为 $Q_{f_1}(k+1)$ 中的元素。

因此，值班管家（攻击者）B_f 可以指定 $Q_{f_1}(k+1)$ 的取值来得到不同碰撞 R 的结果合集 $\mathfrak{R}_f$。因为 $\left\lfloor \dfrac{N_c}{2} \right\rfloor \leqslant k < k+1 < N_c$，故 $Q_{f_1}(k+1)$ 的取值最多有 $\left\lfloor \dfrac{N_c}{2} \right\rfloor$ 种可能，即 B_f 有 $\left\lfloor \dfrac{N_c}{2} \right\rfloor$ 次机会重新计算随机数 R 以期望能够碰撞出 $R = f$ 的情况，即 $\left| \mathfrak{R}_f \right| = \left\lfloor \dfrac{N_c}{2} \right\rfloor$。计算 B_f 可以从 $\mathfrak{R}_f$ 中得到 $R = f$ 的概率 $P(\text{碰撞}R\text{成功}) = P(\exists R \in \mathfrak{R}_f, R = f)$。

每次重新计算随机数 R 时，因为 $R \in \{0, 1, 2, \cdots, N_b - 1\}$，$R$ 恰好等于 f 的概率为 $p = \dfrac{1}{N_b}$。$\mathfrak{R}_f$ 中每个元素是否等于 f 为独立事件，记为 Y_l：

$$Y_l = \begin{cases} 1, & p \\ 0, & 1-p \end{cases}, l = 1, 2, \cdots, n, \ n = \left\lfloor \frac{N_c}{2} \right\rfloor \qquad (4.15)$$

$\{Y_l\}$ 是独立同分布的随机变量序列，$E(Y_l) = p, D(Y_l) = p(1-p)$。设

$$X = \sum_{l=1}^{n} Y_l \tag{4.16}$$

根据二项分布可加性，序列 Y 的加和 X 服从分布 $B(n, p)$，其中 X 表示集合 $\mathfrak{R}_f$ 中存在 $R = f$ 的个数。根据棣莫弗-拉普拉斯中心极限定理，相互独立的随机变量和的极限分布是标准正态分布 $X \sim N(np, np(1-p))$，即有

$$\lim_{n \to \infty} P\left(\frac{X - np}{\sqrt{np(1-p)}} \leqslant x \right) = \varnothing(x) \tag{4.17}$$

二项分布的正态近似中，n 充分大一般认为 $n \geqslant 50$。

回到碰撞 R 成功的概率问题上，集合 $\mathfrak{R}_f$ 中存在 $R = f$ 的个数为 0 的概率即碰撞 R 失败的概率，意味着值班管家(攻击者) B_a 尝试了所有可能的碰撞 R 的方式，依然无法使得下一管家编号 R 等于自己的编号 f。若攻击者进行碰撞 R 成功，即完成一次自私挖矿成功的概率低于 0.01，可以认为该自私挖矿攻击是一个小概率事件，进而通过概率计算推导管家数量 N_b 和委员数量 N_c 之间的关系。

$$P(碰撞R成功) = P(\exists R \in \mathfrak{R}_f, R = f) < 0.01 \tag{4.18}$$

$$\Rightarrow P(X \geqslant 1) < 0.01 \tag{4.19}$$

$$\Rightarrow P(碰撞R失败) = P(X < 1) = 1 - P(X \geqslant 1) \geqslant 0.99 \tag{4.20}$$

$$\Rightarrow P(X < 1) \approx \varnothing\left(\frac{1 - np}{\sqrt{np(1-p)}} \right) \geqslant 0.99 \tag{4.21}$$

查标准正态分布表可得 $\varnothing(2.33) = 0.99$，故有

$$\frac{1 - np}{\sqrt{np(1-p)}} \geqslant 2.33 \tag{4.22}$$

$$\Rightarrow (n^2 + 5.4289n)p^2 - 7.4289np + 1 \geqslant 0 \tag{4.23}$$

计算方程 $(n^2 + 5.4289n)x^2 - 7.4289nx + 1 = 0$ 的解：

$$\begin{cases} a = n^2 + 5.4289n \\ b = -7.4289n \\ c = 1 \end{cases} \Rightarrow \begin{cases} x_1 = \dfrac{-b + \sqrt{b^2 - 4ac}}{2a} \\ x_2 = \dfrac{-b - \sqrt{b^2 - 4ac}}{2a} \end{cases} \tag{4.24}$$

根据式(4.24)，由于 $n > 0$，由韦达定律推导出：

$$
\begin{cases}
x_1 x_2 = \dfrac{c}{a} > 0 \\
x_1 + x_2 = -\dfrac{b}{a} > 0
\end{cases}
\Rightarrow 0 < x_2 < x_1 \tag{4.25}
$$

表 4.3　各参数与 N_c 的关系示例表

N_c	$N_b\left(=\dfrac{1}{x_2}\right)$	n	$p\left(=\dfrac{1}{N_b}\right)$	a	b	c	x_1	x_2	$\dfrac{1-np}{\sqrt{np(1-p)}}$
10	36	5	0.03	52.1445	−37.1445	1	0.684313423	0.028024407	2.33
20	72	10	0.01	154.289	−74.289	1	0.467632619	0.013859905	2.33
30	109	15	0.01	306.4335	−111.4335	1	0.354439525	0.009207074	2.33
40	145	20	0.01	508.578	−148.578	1	0.285250864	0.006893114	2.33
50	182	25	0.01	760.7225	−185.7225	1	0.238630944	0.005508673	2.33
60	218	30	0.00	1062.867	−222.867	1	0.205097409	0.00458734	2.33
70	254	35	0.00	1415.0115	−260.0115	1	0.179822179	0.003930038	2.33
80	291	40	0.00	1817.156	−297.156	1	0.160090568	0.003437495	2.33
90	327	45	0.00	2269.3005	−334.3005	1	0.144259676	0.003054661	2.33
100	364	50	0.00	2771.445	−371.445	1	0.131277197	0.002748555	2.33
200	728	100	0.00	10542.89	−742.89	1	0.06909076	0.001372841	2.33
300	1093	150	0.00	23314.335	−1114.335	1	0.046881221	0.000914909	2.33
400	1458	200	0.00	41085.78	−1485.78	1	0.035476814	0.000686063	2.33
500	1822	250	0.00	63857.225	−1857.225	1	0.02853523	0.000548793	2.33
600	2187	300	0.00	91628.67	−2228.67	1	0.02386555	0.000457296	2.33
700	2551	350	0.00	124400.115	−2600.115	1	0.020509278	0.000391948	2.33
800	2916	400	0.00	162171.56	−2971.56	1	0.017980616	0.000342942	2.33
900	3281	450	0.00	204943.005	−3343.005	1	0.016007048	0.000304829	2.33
1000	3645	500	0.00	252714.45	−3714.45	1	0.01442387	0.000274339	2.33

综上，结合一元二次方程曲线特征，$0<p<1$，在 n 已知的情况下，$p \le x_2$ 是满足 $P(碰撞R成功)$ 小于 0.01 的充分条件。又因为 $n=\left\lceil\dfrac{N_c}{2}\right\rceil$，$p=\dfrac{1}{N_b}$，所以在设定 N_c 后，可以得到 N_b 的最小值，使得攻击者攻击成功的概率小于 0.01。表 4.3 列出了各参数随 N_c 大小变化的关系。

当委员节点数量 N_c 确定后，可以设定管家节点数量 N_b 的最优值，即满足自私挖矿攻击成功概率低于 0.01 的最小 N_b 值。为方便计算，N_b 可以向上取整十整百等值。表 4.4 给出了一个实例，在委员节点数量已知的情况下，可以通过查表得知 N_c 处于某区间时对应的 N_b，从而当委员节点数量有轻微变动时，无须频繁地更改系统设定的管家节点数量值。

表 4.4 N_b 与 N_c 的对应实例表

N_c	[0,50]	[50,60]	[60,70]	[70,80]	[80,90]
N_b	200	250	280	300	350
N_c	[90,100]	[100,200]	[200,300]	[300,400]	[400,500]
N_b	380	750	1100	1500	2000
N_c	[500,600]	[600,700]	[700,800]	[800,900]	[900,1000]
N_b	2200	2600	3000	3500	3800

观察表 4.3 和表 4.4 的数值发现，管家节点数量仅需设置为委员节点数量的 3～4 倍即可使得攻击者进行自私挖矿的成功率低于 0.01，因此可以得出一个结论：使用 PoV 共识的联盟链系统可能会遭遇自私挖矿攻击，即攻击者在不伤害系统正确性的前提下通过不断尝试新的随机数来提高指定下一个值班管家依然是自身的概率，但只要管家节点的数量足够大，即可避免自私挖矿带来的不公平。

通过对碰撞 R 建立三维模型，可以定量分析管家节点数量和委员节点数量对安全性的影响，在 MATLAB 中建立模型：

$$\begin{cases} x = N_c \\ y = N_b \end{cases} \Rightarrow z = P(碰撞R失败) = \varnothing\left(\frac{1-np}{\sqrt{np(1-p)}}\right), \begin{pmatrix} n = \left\lfloor \dfrac{N_c}{2} \right\rfloor \\ p = \dfrac{1}{N_b} \end{pmatrix} \quad (4.26)$$

得到图 4.30 所示的三维模型。

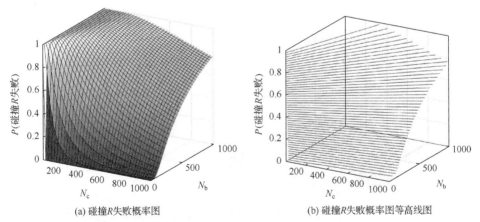

(a) 碰撞R失败概率图　　　　　　　　(b) 碰撞R失败概率图等高线图

图 4.30 碰撞 R 失败概率三维模型图

图 4.30(a) 显示当委员节点数量 N_c 固定时，管家节点数量 N_b 越大，碰撞 R 失败的概率越大，自私挖矿成功率越低，安全性越高。分析图 4.30(b) 的等高线图可以看出，等高线图呈直线分布，即当委员节点数量 N_c 和管家节点数量 N_b 呈现一定比例关系时，可以保持 $P(碰撞R失败)$ 的值不变。当 N_b 和 N_c 的比例大于某一固定值时，

可以保证 P(碰撞R失败) 大于某个值，符合之前对于 N_b 和 N_c 约束关系的猜测。

　　将三维模型的等高线图投影至 xy 平面，如图 4.31 所示。可以看到，图 4.31（a）中当 $\dfrac{N_\mathrm{b}}{N_\mathrm{c}} \approx \dfrac{1000}{300}$ 时，P(碰撞R失败) 将达到一个很高的值。进一步扩展 x 轴和 y 轴的比例，可以更清晰地看到 $\dfrac{N_\mathrm{b}}{N_\mathrm{c}}$ 为 3～4 倍时对 P(碰撞R失败) 分布的影响。

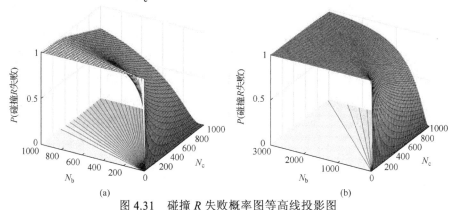

图 4.31　碰撞 R 失败概率图等高线投影图

　　进一步地，使用一个 $z = 0.99$ 的平面图与 P(碰撞R失败) 曲面图相交，如图 4.32 所示。可以发现，交界线为一条直线。经过两次放大后，图 4.32 中右上角的图中可以发现交界线与 xz 平面交于 $(1000, 3640, 0.99)$。可以认为，当 $\dfrac{N_\mathrm{b}}{N_\mathrm{c}} \geqslant 3.64$ 时，P(碰撞R失败) $\geqslant 0.99$。

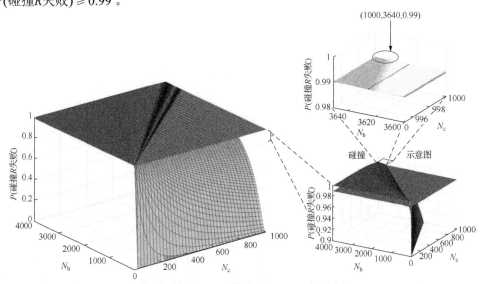

图 4.32　碰撞 R 失败概率 $\geqslant 0.99$ 交界示意图

设 $\gamma = \dfrac{N_b}{N_c}$ ，在 MATLAB 中建立模型：

$$\begin{cases} x = N_c \\ y = \gamma = \dfrac{N_b}{N_c} \end{cases} \Rightarrow z = P(\text{碰撞}R\text{失败}) = \varnothing\left(\dfrac{1-np}{\sqrt{np(1-p)}}\right), \left(\begin{array}{c} n = \left\lceil \dfrac{N_c}{2}\right\rceil \\ p = \dfrac{1}{N_b} = \dfrac{1}{\gamma N_c}\end{array}\right) \qquad (4.27)$$

得到图 4.33 所示的三维模型。

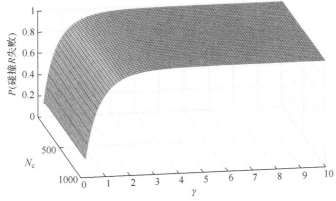

图 4.33   碰撞 R 失败概率随 γ 的变化

由图 4.33 可以看到，无论委员节点数量 N_c 如何变化， $P(\text{碰撞}R\text{失败})$ 始终随着管家委员数量比 γ 的增大而增大。进一步分析，如图 4.34 所示，将模型图等高线投影在 xy 平面，并加入 $z = 0.99$ 的截面与模型图相交，交界处形成的直线在 $\gamma = 3.6$ 处。至此，模型完全验证了当 $\dfrac{N_b}{N_c}$ 为 3~4 倍且大于等于3.6 时 $P(\text{碰撞}R\text{失败}) \geqslant 0.99$ ，自私挖矿成功是小概率事件，一定程度上意味着系统是安全的。

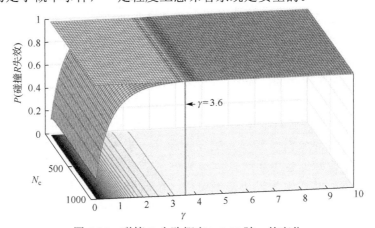

图 4.34   碰撞 R 失败概率 $\geqslant 0.99$ 随 γ 的变化

此外，在 PoV 共识算法的应用场景中，可设置新算法以识别管家节点的不良行为，对管家节点的恶意行为进行降分惩罚，提高恶意节点破产的概率，增强系统的鲁棒性。

3. 女巫攻击

PoV 共识系统若遭遇女巫攻击者以多个虚拟机身份控制绝大多数管家节点和管家候选人，将面临极大危险。但是，女巫攻击仅会对无许可的公有链产生极大威胁，对于有许可准入机制的联盟链来说，女巫攻击无法起到其原有的作用。

PoV 共识针对联盟链场景设置，在系统初始化和运行过程中，所有加入的节点都会通过身份验证以及分配数字证书的方式验证节点身份，确保联盟链系统中一个节点一票的原则，从而有效地避免了女巫攻击。

4.6.3　共识的性能

图 4.35 比较了基于 PoW 共识的几款区块链系统的出块速度和交易确认延迟时间，可以看出，传统公有链共识在性能和安全性上的博弈极大地阻碍了其性能的提升。

图 4.35　基于 PoW 共识区块链系统的性能与安全性博弈

相比较公有链共识，PoV 共识仅需一个区块即可达到不可篡改的交易确认的特性，保障了其性能的提升不受安全性的限制；相比较著名的 PBFT 共识算法 $O(N^2)$ 的通信代价，PoV 共识的二阶段提交通信复杂度仅为 $O(3N_c)$，只受委员节点数量的影响，理论上可以达到更优的性能。

在能源消耗方面，PoV 共识不需要耗费大量算力，也不会促进专用挖矿集成电路的出现。因此，在联盟链中使用 PoV 共识可以避免不必要的能源浪费。

此外，PoV 共识支持共识节点的定期轮换，极大程度上避免了分布式单点故障的问题，也能很好地避免系统长期被某攻击节点控制。同时，PoV 共识受全体联盟节点的管控，在真实的区块链系统中，配套合适的审计层即可实现相关机构的参与和监管。若有不合法的事务需要更改，只需通过审计层协商半数以上的委员节点同意即可发布特殊的修改事务，修正已有的错误数据。因此，PoV 共识不仅能适应自上而下的监管，也能适应区块链系统自下而上的修正，具有灵活的可监管性。

在一个实际的分布式环境中部署了 PoV 和 PBFT 并分别测量它们的 TPS 值。实验环境包括 5 台连接在同一路由器上的服务器 (华为 FusionServer 2288 V5)，每台都有 128GB 内存和 Intel Xeon Silver 4116 处理器。每个 PoV 任职周期可以生成 6 个 PoV 块，包括 5 个普通区块和 1 个特殊区块。理论计算和实验测试结果如表 4.5 所示。

表 4.5 PoV 和 PBFT 的 TPS 性能分析

节点数		10	50	100	150	200	250
PoV	理论值	11669	2277	1105	715	521	406
	实验值	8408	1686	848	552	381	314
	归一化	72.05%	74.04%	76.74%	77.20%	73.12%	77.34%
PBFT	理论值	11457	1427	330	116	52	27
	实验值	8305	1083	257	84	40	20
	归一化	72.49%	75.89%	77.88%	72.41%	76.92%	74.07%
比较	理论值	1.02	1.60	3.35	6.16	10.02	15.04
(PoV-PBFT)	实验值	1.01	1.56	3.30	6.57	9.52	15.70

结果表明，两种算法的实际性能趋势与理论值一致。当节点数大于 100 时，PoV 的 TPS 下降缓慢，下降速度低于 PBFT。与传统的 PBFT 算法相比，PoV 具有更好的效率和可扩展性。

由于管家节点在 PoV 系统设计中主要负责消息的传输，所以通常要求管家节点具有一定的带宽条件，并结合一定的联盟激励机制，使其获得块奖励的概率更高。

4.7 本 章 小 结

PoV 共识算法适用于联盟链场景，通过为网络节点分配委员、管家、管家候选人和普通用户等四种角色身份，将投票权和执行权分离，并引入评分机制和奖惩机制，共同构建一个完整的共识模型。

在正确性方面，PoV 共识可以保证事务的一致性和部分网络分区容忍性，使得事务仅需经过一个区块即可得到最终确认；同时，PoV 共识的激励机制可以实现优胜劣汰的活跃性。在安全性方面，PoV 共识中不存在双花攻击；当满足管家节点数量至少为委员节点数量的 3.6 倍时，系统可以抵抗 99% 的自私挖矿攻击。在性能方面，PoV 共识可以在交易确认时间上达到比公有链更优的性能和更低的能耗。

参 考 文 献

[1]　Li K, Li H, Hou H, et al. Proof of vote: A high-performance consensus protocol based on vote mechanism and consortium blockchain. The 2017 IEEE 19th International Conference on High Performance Computing and Communications, Bangkok, 2017: 466-473.

[2]　李科浇. 面向联盟链的新型共识机制研究. 北京：北京大学, 2018.

第 5 章 基于信任的共识算法——CoT

本章将介绍另一种面向联盟链的基于信任的共识(consensus of trust，CoT)算法[1,2]。

5.1 网 络 模 型

区块链作为一种分布式架构，其中彼此连接的多台计算机构成对等网络，按照共识协议协调运作，共同处理用户提交的请求。如图 5.1 所示，对等网络中的各个节点在功能上地位相同，节点之间的信息交互无须中间服务器的接入。对等网络的规模通常是不固定的，随时允许有节点加入或者退出。现实生活中的大型网络往往是异步的，节点之间通过不可靠的数据链路进行交互，由于网络拥塞等无法预知的问题，网络中的消息可能会任意延时、乱序和丢失。除此之外，对等网络具有容错性高的优点，服务可以在不同节点单独进行，部分节点遭受攻击对整个网络的影响有限。

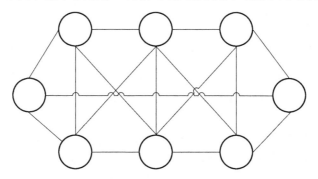

图 5.1　对等网络结构图

为了减少系统代价，提高共识效率，共识算法通常会选择一部分信任值高的节点参与共识，即代表节点。不可避免地，在网络中存在着一些不可信任的恶意拜占庭节点，它们可能拒绝响应其他节点的交互信息，甚至做出虚假的回应。

如图 5.2 所示，基于信任的共识算法——CoT 使用的网络模型定义了四类节点：普通节点、普通代表节点、拜占庭节点和拜占庭代表节点。其中，拜占庭节点的数量为 f，网络节点总数为 n，$n > 3f + 1$。节点之间采用加密及认证机制保证通信安全，每条消息都包含密钥签名、摘要和验证信息。模型还假设了拜占庭节点的恶意行为相互独立，无法形成协同作恶，并且它们的算力不足以暴力破解加密消息，不能伪造签名和找到具有相同摘要的消息。

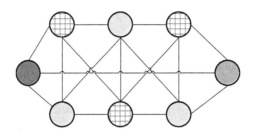

图 5.2　CoT 共识算法网络模型

5.2　CoT 共识过程

本节首先总述 CoT 共识整体框架，然后将详细描述 CoT 算法的共识过程，主要包括节点间信任关系的量化、信任关系图和信任矩阵、全网节点的信任值和区块生成协议四个步骤。

5.2.1　共识整体框架

容错拜占庭协议具有高吞吐量和低延迟的特点，然而其可扩展性较差，$O(n^2)$ 的通信代价限制了网络的节点数量。CoT 共识协议基于信任关系选择部分节点参与共识协议，专业化记账节点，减小共识的代价，在容错拜占庭协议的基础上提高了扩展能力。

CoT 共识根据节点之间的信任关系选择信任度高的节点作为代表节点，本质上参考了人类社会中信任关系的传递思想。首先考虑一个问题：什么是信任？或者说，什么样的信任关系才能被认为是一个有价值的关系？在人类社会，信任是复杂的并且难以被精确描述的，只是一种经验的体现；在计算机研究领域，通常根据系统在特定环境下独立、高效且可靠地完成指定功能的能力来评价用户对它的信任程度。

在区块链网络中，不存在中心节点，每个节点都没有固定的在线时间，可以在任意时刻随意加入或退出网络，节点之间不稳定的链接关系和动态变化的网络拓扑使得建立节点之间的信任关系变得十分困难。考虑到网络节点通常处于相互交互的状态，因此可以通过收集节点的交互表现来完成信任评估。CoT 共识假设信任关系总存在于两个节点之间，每个节点独立判断其他节点的信任值，且信任值有程度之分，受交互行为和时间的影响而动态变化。需要注意的是，此处任意节点的信任值都不是绝对可靠的，它本质上是一种概率，但它是其他节点对其进行判断的依据。

如图 5.3 所示，CoT 共识过程分为 4 个基本步骤。

（1）量化节点之间的信任关系。

（2）生成信任关系图和信任矩阵。

（3）计算全网节点的信任值，并根据信任值排序选取代表节点。

（4）代表节点获得记账权，创建区块。

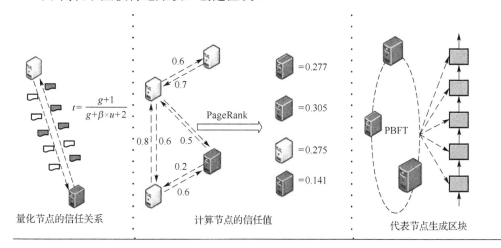

$$t = \frac{g+1}{g+\beta \times u+2}$$

0.6

0.7

PageRank

=0.277

=0.305

0.8   0.6   0.5

0.2

=0.275

0.6

=0.141

PBFT

量化节点的信任关系　　　　　　　计算节点的信任值　　　　　　　代表节点生成区块

图 5.3　CoT 共识过程

首先，网络内的节点持续监测其相邻节点的交易和区块的交互信息，由此建立起相应的信任关系，再将这种信任关系量化为 0～1 的实数，数值越大表示信任程度越高。当一个节点发送有效的交易和区块信息给其他节点时，其他节点对它的信任程度会随之提高；反之，信任度则会降低。然后，根据全网节点之间的信任关系，构造信任关系图并生成信任矩阵。接着使用类似搜索引擎网页排序中的 PageRank（网页排名）算法为每个节点迭代计算出信任值。选取信任值高的部分节点为代表节点，它们将有机会获取记账权并创建区块。最后，代表节点之间运行具有 $\frac{1}{3}$ 容错能力的拜占庭协议，以保证共识算法的安全性和可用性。

5.2.2　节点间信任关系的量化

寻找构建和量化节点间信任关系的可靠方案是 CoT 共识的基础。在区块链网络中，交易和区块是最重要的数据，节点时刻都在进行交易和链上其他数据的交互，包括处理用户提交的交易请求，验证交易的有效性，以及向其他节点广播有效的交易。此外，区块链上的大多数恶意攻击行为，例如，拒绝用户请求、创建虚假交易、广播无效交易、创建虚假区块和广播无效区块等，都与交易和区块有关。考虑这两个方面，CoT 共识选取节点之间交互的交易和区块数据来量化节点间的信任关系。图 5.4 为量化节点间的信任关系。

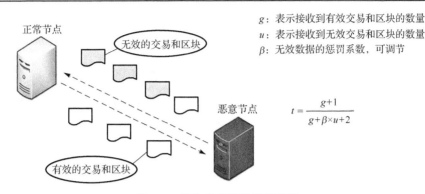

图 5.4　量化节点间的信任关系

图 5.4 描述了节点根据交互数据量化信任关系的过程。区块链中的数据包含多个校验项，包括数据格式、字节大小、数字签名、交易输入项是否为 UTXO(未确认的交易)及难度值等。运行过程中的节点每次收到交易和区块都会首先进行有效性验证，只有有效的数据才能在网络中继续传播，而无效的数据则会被立刻丢弃。节点统计从相邻节点收到的数据，假设节点 i 某段时间内从节点 j 处收到了 g_{ij} 个有效交易和区块与 u_{ij} 个无效交易和区块，则节点 i 对节点 j 的信任度 t_{ij} 定义为

$$t_{ij} = \frac{g_{ij} + 1}{g_{ij} + \beta \times u_{ij} + 2} \tag{5.1}$$

其中，β 为无效数据的惩罚系数，可以根据设计要求人为调节。β 的值越高，网络对无效数据的容忍程度越低。通常取 $\beta > 1$，表示无效数据比有效数据对信任度的影响更大。

由式(5.1)可以看出，节点 i 收到节点 j 发送来的无效交易和区块数据会降低节点 i 对节点 j 的信任度，反之则会增加信任度。若两个节点不存在交互，它们之间的信任度默认为 0.5。

5.2.3　信任关系图和信任矩阵

CoT 共识算法的第二步是构建网络的信任关系图和生成信任矩阵。在万维网中，网页通过超链接的方式相互链接，价值较高的网页通常会被大量网页链接，反之则很少被链接。搜索引擎根据网页之间的链接关系，对相关网页进行排序，以合适的顺序呈现给用户。CoT 共识算法借鉴了网页链接关系图，将节点类比于网页，信任关系类比于超链接关系，根据节点之间的相互信任关系建立节点之间的信任关系图。图 5.5 描述了一个简单的信任关系图，图中包含四个节点 A, B, C, D，节点之间的信任值是随机假设的，节点 D 为恶意拜占庭节点，所以其他节点对该节点的信任评价较低。

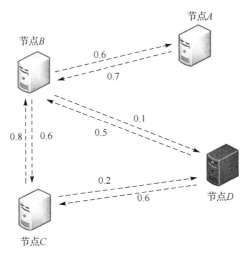

图 5.5　节点之间的信任关系图

由上述信任关系图生成节点之间的信任关系矩阵 D，其中 D_{ij} 表示节点 i 对节点 j 的信任关系。节点自身的信任度为 0，即 $D_{ii}=0$。不存在交易和区块交互行为的节点信任度为 0.5。

$$D = \begin{bmatrix} 0 & 0.7 & 0.5 & 0.5 \\ 0.6 & 0 & 0.6 & 0.1 \\ 0.5 & 0.8 & 0 & 0.2 \\ 0.5 & 0.5 & 0.6 & 0 \end{bmatrix} \tag{5.2}$$

为了防止恶意节点给其他恶意节点较高的信任值，给正常节点较低的信任值，从而影响到最终信任代表节点的选取，故将节点之间的信任值进行正则化处理，得到最终的信任矩阵 C：

$$C_{ij} = \frac{D_{ij}}{\sum_j D_{ij}} \tag{5.3}$$

$$C = \begin{bmatrix} 0 & \dfrac{0.7}{1.7} & \dfrac{0.5}{1.7} & \dfrac{0.5}{1.7} \\[2mm] \dfrac{0.6}{1.3} & 0 & \dfrac{0.6}{1.3} & \dfrac{0.1}{1.3} \\[2mm] \dfrac{0.5}{1.5} & \dfrac{0.8}{1.5} & 0 & \dfrac{0.2}{1.5} \\[2mm] \dfrac{0.5}{1.6} & \dfrac{0.5}{1.6} & \dfrac{0.6}{1.6} & 0 \end{bmatrix} \tag{5.4}$$

5.2.4　全网节点的信任值

借鉴 PageRank 算法网页排序的思想，将网页类比于节点，网页的超链接关系类比于节点之间的信任关系，为节点计算信任值。

节点通过监测其他节点的行为可以得到它们之间的直接信任关系。事实上，节点还可以利用其他节点的信任信息，对该节点做更进一步的信任评估。例如，节点 A 对节点 D 的信任评估，除了依据节点 A 对节点 D 的交互行为直接判断，还可以通过节点 B 和节点 C 做间接判断。节点 i 通过其相邻节点作为间接节点，综合评估节点 j 的信任度为

$$d_{ij} = \sum_k d_{ik} d_{kj} \tag{5.5}$$

其中，节点 k 是和节点 i 相连的节点；d_{ik} 表示节点 i 对节点 k 的信任度；d_{kj} 表示节点 k 对节点 j 的信任度。

为了进一步利用全网节点间的相互信任关系，可以根据间接节点的信任关系计算节点之间的信任关系，以此类推，最终利用全网节点的信任关系计算节点的信任值。其中的迭代关系为

$$T_t = C^{\mathrm{T}} T_{t-1} \tag{5.6}$$

其中，C 表示上述信任矩阵；T 是一个 $n \times 1$ 的列向量；T_t 表示第 t 次迭代后的节点信任值矩阵。

信任矩阵 C 中的每个元素表示节点之间直接的信任关系，信任度高的关系数值接近 1，信任度低的关系数值接近 0，节点之间交互很少的情况下数值为 0.5。系统初始化时每个节点的信任值都是相同的(大小为 $\dfrac{1}{n}$)，所以 T 的初始值为一个全是 $\dfrac{1}{n}$ 的列向量。假设收敛误差为 ε，根据式 (5.6) 不断迭代直至收敛得到最终全网节点信任值。

算法 5.1 描述了计算节点信任值的过程。

算法5.1: 计算节点信任值

Input：　C, T_0, ε;

Output：信任值 T^*;

1:　initial $T_0 = e / n$ and $k = 1$;

2:　repeat

3:　　计算第 k 次迭代结果 $T_k = C^{\mathrm{T}} T_{k-1}$;

4:　　　计算和上一次的迭代结果之差 $\sigma = \left\| T_k - T_{k-1} \right\|$；

5:　until $(\sigma < \varepsilon)$

End

继续图 5.5 中的例子，下面展示计算节点信任值的过程。第一轮 PageRank 迭代的计算结果为

$$T_1 = C^{\mathrm{T}} T_0 = \begin{bmatrix} 0 & \dfrac{0.7}{1.7} & \dfrac{0.5}{1.7} & \dfrac{0.5}{1.7} \\ \dfrac{0.6}{1.3} & 0 & \dfrac{0.6}{1.3} & \dfrac{0.1}{1.3} \\ \dfrac{0.5}{1.5} & \dfrac{0.8}{1.5} & 0 & \dfrac{0.2}{1.5} \\ \dfrac{0.5}{1.6} & \dfrac{0.5}{1.6} & \dfrac{0.6}{1.6} & 0 \end{bmatrix} \begin{bmatrix} \dfrac{1}{4} \\ \dfrac{1}{4} \\ \dfrac{1}{4} \\ \dfrac{1}{4} \end{bmatrix} = \begin{bmatrix} \dfrac{491}{2496} \\ \dfrac{5131}{16320} \\ \dfrac{3998}{14144} \\ \dfrac{1672}{13260} \end{bmatrix} \approx \begin{bmatrix} 0.2768 \\ 0.3144 \\ 0.2826 \\ 0.1261 \end{bmatrix} \tag{5.7}$$

经过一轮迭代计算，可以看出节点的信任值发生了变化，不再是初始时的 $\dfrac{1}{4}$，

节点 B 的信任值提高到 0.3144，而节点 D 的信任值下降到 0.1261。以此类推，得到 T_1 后，继续根据式 (5.6) 迭代将得到 T_2、T_3、T_4 等，最终将会达到收敛状态，即两次迭代的结果非常相近，此时停止迭代。表 5.1 列出了计算节点信任值的迭代过程，迭代误差设置为 0.000001。每次迭代都会计算出新的信任值，进行 12 次迭代后，各个节点的信任值明显收敛，最终得出全网节点的信任值。

表 5.1　节点信任值的迭代计算过程

迭代序号	$T(A)$	$T(B)$	$T(C)$	$T(D)$
1	0.25	0.25	0.25	0.25
2	0.276843	0.3144	0.282664	0.126094
3	0.278733	0.304153	0.273817	0.143298
4	0.276431	0.305589	0.276095	0.141886
5	0.277412	0.305414	0.275551	0.141623
6	0.277068	0.305446	0.275661	0.141825
7	0.277182	0.305426	0.27565	0.141741
8	0.277143	0.305441	0.275643	0.141772
9	0.277158	0.305431	0.27565	0.141761
10	0.277152	0.305437	0.275646	0.141765
11	0.277155	0.305434	0.275648	0.141763
12	0.277153	0.305436	0.275647	0.141764

CoT 共识算法借鉴了 PageRank 网页排序的思想，但是存在许多差异。首先，网页排序的超链接关系只有链接和不链接两种，分别用 0 和 1 表示，而 CoT 共识算

法中节点之间的信任度是 0～1 的实数。其次，在 PageRank 网页排序中，当网络链接图不是强连通图或者某些网页不存在指向其他页面的超链接并且存在指向自己的超链接时，迭代关系将不会收敛。实际应用中会对应地加入阻尼系数，避免这种无法收敛的情况。而在 CoT 共识中，节点间存在 0～1 变化的信任关系值，因此不会产生不收敛的情况。由此可见，通过节点之间的信任关系，构建信任关系图，最终可以计算出每个节点的信任值。信任值高的前 k 个节点被选为代表节点，有机会获得记账权。代表节点通常具有较高的信任值，降低共识出错的概率。

5.2.5　区块生成协议

区块链共识算法应当具有安全性和可用性。CoT 共识算法定义了一个拜占庭容错的网络模型，其中参与共识协议的节点数量为 n，f 为所能容忍恶意拜占庭节点的数量，在 $f < n/3$ 的情况下，能够保证共识协议的安全性。容错拜占庭协议 $O(n^2)$ 的通信代价，限制了共识节点的数量。在 CoT 协议中，一轮共识包含选取主节点和生成区块两部分。通过在节点之间建立信任关系，选择信任值高的前 k 个节点为代表节点，只有当选为主节点的代表节点拥有记账权，能生成区块。代表节点间执行容错拜占庭协议，最终将区块写入链上。只要满足恶意代表节点的数量少于参与代表节点数量的 1/3，就能够保证 CoT 共识的安全性。

在拜占庭协议中，错误节点的数量越多，其通信代价越大，通过选择信任值高的节点参与共识，能够减少网络中节点交互的流量，提高系统的可扩展能力。在 CoT 共识协议中，只有代表节点参与共识过程，普通节点不能生成区块，但是可以看到完整的共识过程。容错拜占庭协议需要选择一个主节点作为发起人，提交交易请求，然后在共识节点之间进行交互确认，最终达成共识，生成区块。下面主要介绍主节点选取和区块生成的流程。

算法 5.2 描述了选择主节点的流程。代表节点独立接收和转发全网的交易数据，在每一轮共识中，随机选择一个代表节点为主节点，主节点负责将有效的交易数据打包成区块，与其他代表节点达成共识后将该区块写入区块链上。主节点可能是恶意拜占庭节点或者在共识过程中宕机，则需要更换主节点，容错拜占庭协议通过引入视图概念实现主节点选择中的容错性。视图是一轮共识中所有用到的数据集合，为每个视图分配一个编号 v，视图编号 v 由 0 逐渐递增。在主节点选择中，首先为每个代表节点按照信任值排名分配编号 $\{0, 1, \cdots, n-1\}$。为了满足主节点选择的随机性和容错性，结合使用当前区块的高度 h 和视图 v，定义当前轮共识的主节点编号 $p = (h + v) \bmod n$。当普通代表节点认为主节点为恶意节点或者发生故障时，可以向其他节点发起视图更换请求。节点一旦收到超过 $2n/3$ 个更换视图请求后，就会重新计算主节点的编号，用新的主节点代替之前的主节点。

算法5.2: 选择主节点

Input : n, h, v;

Output : p;

1:    initial $v = 0$;

2:    按照信任值从0到$n-1$为代表节点分配编号;

3:    当前的主节点编号$p = (h+v)\%n$;

4:    if 主节点是恶意的或者发生故障, then $v = v+1$, 并向其他节点发送change_view消息

5:    when 收到超过 $\dfrac{2n}{3}$ 个change_view消息, 计算新的主节点编号$p = (h+v)\%n$;

End

在 CoT 共识协议中, 代表选择的周期为 T, 区块产生的周期为 t。考虑到网络传输的延迟性, 从生成区块到最终加入到链上的间隔为 ∇t。区块生成周期 $t > \nabla t$, 即一轮共识开始时, 其他节点已经收到前一区块数据。

节点启动时, 首先会通过网络中其他节点进行区块数据的同步。节点监听到来的交易, 独立验证交易的有效性, 将有效的交易存储在交易池中, 广播到其他节点, 抛弃无效的交易。当节点获得记账权后, 从交易池中选择合适数量的交易构成区块; 当交易池为空, 不存在有效交易时, 会按照正常流程产生空区块。区块头中记录父区块的 Hash 值以保证区块的有序性。区块数据在共识代表节点之间达成一致需要经历三个阶段。

(1)Pre-Prepare 阶段: 获得记账权的主节点向所有的共识节点发送 Pre-Prepare 请求, 其中包含当前区块高度 h、视图编号 v、主节点编号 p、区块 Block 以及签名 $Block_p$。节点 i 收到主节点的 Pre-Prepare 请求后, 验证消息的准确性。如果请求不合法, 则提议改变视图, 重新选择主节点; 如果请求合法, 节点 i 向其他节点发送 Prepare 请求, 其中包含当前区块高度 h、视图编号 v、节点编号 i 和对区块的签名 $Block_i$。

(2)Prepare 阶段: 当节点 i 收到 $2f$ 个 Prepare 消息时, 向其他节点发送 Commit 消息, 其中包含当前区块高度 h、视图编号 v、节点编号 i 和对区块的签名 $Block_i$。

(3)Commit 阶段: 当节点 i 收到 $2f$ 个 Commit 消息时, 则认为这一轮共识完成。

Pre-Prepare 消息中包含完整的区块, 节点在接收到主节点的 Pre-Prepare 消息后在本地保存本次共识的区块内容, 而在之后的 Prepare 和 Commit 消息中使用 Hash 值替换区块, 减少通信代价。通过三阶段协商投票协议, 最终实现共识节点间区块数据的一致性。只有在代表节点间完整共识的区块, 才能被广播到区块链网络中, 被其他节点所接受。区块生成协议流程如图 5.6 所示。

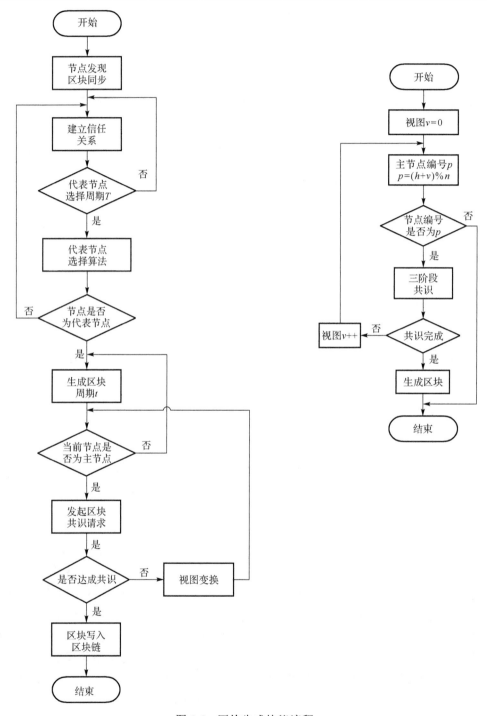

图 5.6　区块生成协议流程

5.3　CoT 共识分析

本节将对 CoT 共识算法进行详细分析，首先论证 CoT 共识的正确性，然后分析 CoT 共识的安全性和性能。

5.3.1　共识的正确性

CoT 共识在区块链中引入信任机制，根据区块链中最重要的交易和区块数据实现节点之间信任关系的量化，进而选择信任值高的部分节点作为代表节点参与区块生成协议。我们从信任机制的有效性和共识的最终一致性两方面说明 CoT 共识的正确性。

1. 信任机制有效性

CoT 共识算法的信任机制表现为根据信任关系矩阵迭代计算节点的信任值，本质上是人类社会关系中的信任传递思想。由此可见，信任机制的有效性在 CoT 共识算法中至关重要，直接关系到最终记账节点的可信度。在 CoT 共识网络中，信任机制的实现基于以下假设。

假设 1：CoT 共识算法根据节点之间交互的交易和区块数据实现节点之间信任关系的量化，能监测与虚假交易和无效区块相关的恶意行为，在实际的区块链应用中可适当地增加影响信任度的参数以提高信任评判的准确性，因此假设节点之间信任关系的量化是有效的。

假设 2：每个节点可以独立实行对其他节点信任关系的量化行为。节点之间交互的有效数据越多，则认为该节点的信任值高，反之则降低信任值。

引理 5.1[1]　当信任矩阵 C 满足随机、不可约和非周期三个特性时，总能保证信任值矩阵 $T_{n \times 1}$ 最终收敛。

定理 5.1（信任机制有效性）　在 CoT 模型假设前提下，CoT 共识的信任机制总能找到信任度较高的代表节点。

证明　根据引理 5.1，定理 5.1 等价于证明信任矩阵 C 满足随机、不可约和非周期特性。

随机性：随机性要求信任矩阵 C 的所有元素都大于等于 0，并且每一行的元素和为 1。显然，根据式 (5.1)，对任意节点对 (i, j)，量化的节点之间信任关系值 $t_{ij} = \dfrac{g_{ij} + 1}{g_{ij} + \beta \times u_{ij} + 2} \geq 0$。同时，归一化处理确保了每一行的元素和为 1。

不可约性：不可约性要求信任矩阵 C 对应的信任关系图为强连通图，即对任意节点对 (i, j)，总存在从节点 i 到节点 j 的路径。由于 CoT 共识算法假设任意两节点间总存在信任关系，因此信任矩阵 C 满足不可约性。

非周期性：非周期性要求信任关系图中不存在某节点仅有自身的信任关系，而没有与其他节点的信任关系。显然，信任矩阵 C 满足非周期性。

综上所述，信任值矩阵 $T_{n \times 1}$ 最终能达到收敛，可以找到信任度较高的代表节点，即信任机制是有效的，定理 5.1 成立，证毕。

除以之外，代表节点之间执行容错拜占庭协议竞争记账权，进一步保障了算法的有效性。

2. 最终一致性

CoT 共识算法通过信任机制专业化记账节点，减小共识的代价，提高共识的效率，同时牺牲了一致性。因此，CoT 共识中全网节点数据并非时刻保持一致，但是满足最终一致性。网络中允许节点随时加入和退出，为了解决可能遇到的网络分区故障，CoT 共识算法保留比特币中最长链为主链的思想。当网络重新恢复时，全网节点认可最长链为主链，这意味着会出现短时间的区块链分叉，但是经过一段时间的同步后，能够保证数据的最终一致性。总而言之，CoT 共识在牺牲容错拜占庭协议一致性的基础上，优化了共识的可扩展性和通信代价，同时满足了最终一致性。

5.3.2 共识的安全性

CoT 共识假设恶意节点无法通过暴力破解密码学技术，例如，伪造签名等，即认为加密算法是安全的。由于共识算法主要解决由谁来构造区块和维护链上数据统一的问题，恶意节点可以通过干扰共识过程，影响区块链的安全性。

区块链共识算法的安全性并不是绝对的，通常都有限制条件，而且要具有一定的容错能力。在 CoT 共识算法中，令全网节点总数为 n，恶意节点的数量为 f，代表节点的数量为 k，恶意代表节点数量为 m，只需要保证代表节点之间的容错拜占庭协议的安全性，即 $k \geq 3m+1$。CoT 共识中的代表节点不是随机选择的，而是基于节点之间的信任关系严格筛选出来的，并且具有较高的信任值，因此 CoT 共识的容错能力大于 1/3。在实际应用中，CoT 共识可以加入更多参数提高代表节点的可信度，提高共识算法的安全性。

5.3.3 共识的性能

1. 去中心化

CoT 共识算法不依赖于任何第三方机构，通过选择部分代表节点作为专业化的记账节点，即采用代表机制。然而，CoT 共识根据节点之间的信任关系来选择代表节点，代表更换的周期为 T，这意味任何一个节点只要严格诚实工作，将有机会成为代表节点，获得记账权并生成区块。因此，CoT 共识虽然是基于代表机制的共识协议，但是它比 DPoS 等共识具有更好的去中心化特性。

2. 高性能

容错拜占庭协议本身具有很好的性能，但是其 $O(n^2)$ 的通信代价限制了网络中的节点数量，缺少可扩展性。CoT 共识通过专业化记账节点，提高了算法的扩展能力。然而，在 CoT 共识的代表机制中，只有代表节点参与共识过程，其他节点不参与容错拜占庭协议，这使得容错拜占庭算法本身的强一致性退化为最终一致性。CoT 保留比特币中最长链的概念，保障节点数据的一致性。因此，相比于容错拜占庭协议，CoT 共识的代表机制在大幅提升共识可扩展性的同时，也增大了交易确认的延迟。

3. 不依赖代币

CoT 共识和 DPoS 共识都通过代表机制减小共识的代价，但是它们的代表选取方式不同。DPoS 共识根据权益投票的方式选择代表机制，依赖于区块链系统的代币体系，易使记账权集中于少数有钱人手中。而 CoT 共识基于节点之间的信任关系选择信任值高的节点为代表节点，通过监测节点之间交互的交易和区块链数据的有效性，不依赖于代币体系，因此会有更加广阔的应用前景。

CoT 共识算法牺牲了部分容错拜占庭协议的高吞吐和低延迟的优点，但是提高了共识的可扩展性。表 5.2 从去中心化程度、安全性（容错能力）、性能（延迟和吞吐量）、可扩展性、代币和共识代价等多个维度总结了 CoT 共识算法的性能，并与主流的 PoW、PoS、DPoS、PBFT、dBFT 进行了对比分析。

表 5.2　CoT 共识性能分析

共识算法	去中心化	安全性（容错能力）	性能（延迟、吞吐量）	可扩展性	代币	共识代价
PoW	高	1/2	低	高	不需要	高
PoS	高	1/2	低	高	需要	低
DPoS	代表机制	1/2	中	中	需要	低
PBFT	高	1/3	高	低	不需要	低
OBFT	代表机制	1/3	中	中	需要	低
CoT	代表机制	>1/3	中	中	不需要	低

5.4　本章小结

容错拜占庭协议具有较高的通信代价，无法适用于大规模的区块链网络。而代表机制使得记账节点专业化，提高了共识的效率和可扩展性。CoT 共识算法结合代表机制和容错拜占庭协议的优点，根据区块链本身的技术特点，通过交易数据量化节点之间的信任度，为全网节点计算信任值，选取信任值高的节点为代表节点，参与容错拜占庭协议。

在 CoT 共识中，令全网节点总数为 n，代表节点的数量为 k。通常情况下 $n \gg k$，且 k 值相对固定，这意味着网络中的节点数量并不会影响到代表节点之间运行容错拜占庭协议的效率。此外，考虑到节点之间信任关系的相对稳定性，代表节点的选取周期 T 通常大于区块的生成周期 t，进一步提高了共识效率。

参 考 文 献

[1]　王贤桂. 融合区块链的拟态存储系统的日志技术研究. 北京：北京大学, 2018.

[2]　Page L. The PageRank citation ranking: Bringing order to the web. Stanford Digital Libraries Working Paper, 1998, 9(1):1-14.

第6章　融合区块链的拟态分布式安全存储系统

本章将深入讨论基于 PoV 共识算法的工程实现——区块链日志系统。6.1 节首先介绍区块链结合存储系统的发展现状，并说明拟态分布式安全存储系统设计的初衷。6.2 节介绍内生安全的拟态分布式存储系统，该系统能更有效地抵御基于未知漏洞和后门的攻击手段，保证额外存储设备的数据安全性。6.3 节主要介绍基于 PoV 共识算法的区块链日志系统，进一步探索区块链在存储中的应用。

6.1　背景介绍与需求分析

在分布式系统中，资源的共享是分布式系统的基础，同时分布式存储系统也构成了许多分布式应用程序的基础。分布式存储系统允许分布在不同服务器上的进程在长时间内以一种安全、可靠的方式共享数据。分布式系统区别于集中式系统的一个特性是它还需要处理共享数据所带来的同步问题，并解决分布式系统中各节点副本、缓存的一致性和复制带来的一系列问题。在分布式存储系统中，进程间通信和网络通信的服务都应具有长期性、高可用性、故障隔离性与不信任容忍性。

传统网络存储面临存储 PB 级或更高量级的数据时，受到性能、容量和软硬件成本的限制，网络存储的可扩展性成为严重的发展瓶颈。大规模分布式存储系统以其高吞吐量、高可用性、高可扩展性和硬件成本低等特性成为存储海量数据的有效系统并被广泛部署与使用。目前，业界主流的分布式存储系统有谷歌公司的谷歌文件系统(google file system，GFS)[1]、微软的 Azure[2]、亚马逊的 Dynamo[3]、Apache 的分布式文件系统(hadoop distributed file system，HDFS)[4]和符合 POSIX 标准的开源存储平台 Ceph[5]。其中，HDFS 是 GFS 的开源实现，作为后台的基础设施广泛应用于众多大型企业，如 Yahoo、Amazon、Facebook、eBay 等。

上述主流存储项目都是基于存储虚拟化技术实现的分布式云存储系统、分布式文件存储系统和分布式块存储系统。分布式存储生态中还有另外一种重要的实现——分布式数据库。分布式数据库是用计算机网络将物理上分散的多个数据库单元连接起来组成的一个逻辑上统一的数据库。分布式数据库的基本特点包括物理分布性、逻辑整体性和站点自治性。分布式数据库随时能针对各区域的用户做调整，同样实现了数据共享和分布式控制，但是也带来了一些问题，例如，重复存储数据带来的时间和空间的开销，并且数据的保密性与安全性也受到威胁。

近年来区块链技术的逐渐兴起表明了其在构建去中心化网络方面的巨大优势，

区块链技术在不信任网络中为所有参与节点提供了一个几乎无法被篡改的全局操作日志视图，保证了全部节点都可以独立获得和验证全局所有事务记录。同时这种方式消除了中心维护成本，提升了系统整体运行效率，进一步优化了资源配置方式。因此众多领域，例如，分布式文件系统和分布式数据库等，开始尝试使用区块链技术构建系统。中心化的中间功能体作为分布式存储架构的性能瓶颈，限制了系统的可扩展性，并伴随着用户的隐私信息可能被窃听和泄露等问题。结合了区块链技术的分布式存储系统能够实现事务和数据的去中心化管理，保障元数据安全与应用数据的一致性和可靠性。目前基于区块链实现的较成熟的分布式文件系统是星际文件系统(inter planetary file system，IPFS)[6]，它提供了一个高吞吐量、按内容寻址的块存储模型，可节省近 60%的网络带宽，支持数据的永久保存和历史版本回溯。另外，巨链数据库(BigChainDB)[7]则填补了去中心化生态的空白，它是一个结合区块链技术的去中心化数据库，在保证事务的去中心化控制和不可变性的前提下，具有每秒百万次写操作、存储 PB 级别的数据和亚秒级响应时间的性能。结合区块链的分布式存储技术的应用场景非常广泛，例如，实现去中心化的网络传输协议，降低互联网应用对主干网的依赖；为企业和个人提供数字资产的管理服务，降低管理的成本和风险以及解决历史记录不透明的问题。但是，融合区块链的分布式存储系统仍难以避免双花攻击、自私挖矿和女巫攻击对区块链账本的伪造与篡改，也无法抵御基于未知漏洞和后门的攻击手段。因此，结合区块链的分布式存储技术未来应着眼于去中心化与内生安全的存储生态的建设，研究通信代价更低、鲁棒性更优的共识算法，研究去中心化的身份管理、密钥管理和访问控制技术，研究数据不可篡改的、过程透明化的高性能日志管理技术，从而实现多边机构的共管共治。针对基于未知漏洞和后门的攻击手段，应实现可检测攻击的数据读写过程，实现可对攻击行为实施随机扰动的资源调度策略，实现能及时排除有问题的数据存储介质并执行清洗的防御机制。本章介绍的拟态存储系统是北京大学未来网络实验室研发的去中心化与内生安全的分布式存储系统，致力于保障数据的安全性和可靠性。拟态存储系统不仅作为区块链的辅助存储方案，还结合了区块链技术实现了区块链日志系统，本章的后续内容也将详细介绍区块链日志系统的原理与实现。

6.1.1　拟态存储

近年来，随着产业信息化、数字化和网络化进程加速，互联网已经成为生活中不可或缺的一部分。互联网使人们的生活更加便捷，但是其中的数据安全问题变得日益严峻,全球各地的政府组织和知名企业频繁地被爆出存在大规模数据泄露问题。北京奇虎科技有限公司(简称奇虎 360)安全部门发布的 2017 年度安全报告显示，2017 年全球最大管理咨询公司 Accenture 发现不安全的亚马逊 S3 存储桶漏洞，可以通过这个漏洞轻松获取公司数千个知名企业的客户资料；征信机构 Equifax 由于数据库遭到不明黑客的攻击，导致近 1.43 亿客户信息被泄露；韩国最大的加密货币交易所遭受黑客攻击，导致 3 万客户数据泄露；近一半的受访组织能够确定发生数据泄露事件的根本原因是恶意攻击和犯罪攻击。

2017 年 10 月，Verzon 公司发布了 2017 年数据安全调查报告，其中分析了 42068 个安全事件和 84 个国家的 1935 个漏洞，结果显示 62%的数据泄露与黑客攻击有关。数据安全问题在各行业都存在，金融行业首当其冲，给人们的生活带来了大量的问题，同时也威胁着企业和国家的安全。

随着网络空间环境变得复杂，数据安全已经成为一个不可忽视的问题，严重影响着各行各业甚至国家的安全。目前，信息系统依赖的安全防御技术主要包括访问控制、数据加密和身份认证等，这在过去的实践中确实能取得一定的效果。另外，随着黑客技术的发展，攻击手段也变得更加丰富，软件系统未知的漏洞和后门逐步曝光，传统安全技术显得十分被动。究其原因，传统的安全防御技术是基于威胁特征感知的，需要明确攻击来源和攻击手段等信息后，才能建立有效的防御。由于软硬件的设计缺陷，常存在一些未知的漏洞，随着信息系统服务时间越长，其未知的缺陷可能被攻击者利用，造成损失。然而网络空间存在难以估量的未知的漏洞和后门，其中部分安全问题无法用物理或逻辑方法彻底消除，而传统的安全技术无法及时应对这些未知漏洞导致的攻击行为。目前，大多数系统还是通过打补丁的方式应对缺陷和漏洞，但这是一种治标不治本的解决办法。

传统安全技术难以应对这种由未知软硬件缺陷和漏洞导致的安全问题，美国研究者提出移动目标防御(moving target defense，MTD)技术[8]，通过变换系统的部署和评价策略，减少未知缺陷暴露和被攻击的概率，提高信息系统的安全性。受自然界拟态现象的启发，中国工程院邬江兴院士团队提供具有普适性的拟态防御理论。拟态防御强调动态性、随机性、异构性和冗余性，信息系统主动改变自身某些核心构成要素或者状态，破坏攻击者的攻击链，降低未知漏洞被攻击的风险，提高系统安全性。目前具有拟态防御属性的路由器、Web 服务器、分布式存储的原型和产品相继推出，并进行严格的测试，结果显示拟态防御技术确实减小了未知漏洞和后门暴露的概率，能较大幅度地提升系统的安全性。随着网络环境变得复杂，分布式存储系统能缓解日益增长的海量数据给存储系统带来的压力，但是存储系统的安全性依然面对着很大的考验。

6.1.2　拟态存储日志系统需求

拟态分布式存储系统包含多个功能模块和多个服务器节点，例如，系统管理配置、功能等价的执行体及输入输出代理模块等。为了提高系统管理人员的效率，设计了日志管理模块，及时发现系统可能遭受的异常情况。日志管理模块主要负责收集分散在各服务器上保存的日志，通过日志集中化管理，可以避免系统管理人员低效地登录生产服务器查看日志记录。当系统被恶意攻击时，通常也伴随着日志数据的恶意篡改甚至恶意删除，导致相关安全事件难以进行有效的电子取证，系统管理员也难以追溯入侵行为，无法及时修补系统存在的漏洞。拟态分布式存储系统通过日志管理模块来保护日志数据，防止日志记录被有意或者无意地破坏。

拟态分布式存储系统中的日志记录主要包括系统日志和用户访问日志。系统日志记录拟态存储系统的服务和节点的启动关闭情况、资源使用情况和故障信息等，对于监控系统的运行状态和安全至关重要。用户访问日志记录用于记录用户的登录和退出活动以及跟踪用户的行为，能帮助分析用户的行为特点，及时发现异常情况。日志内容通常包括服务类型、日志等级、操作时间、源操作对象、目标操作对象和操作详情等对象。

针对拟态分布式存储系统对日志管理模块的基本需求，此系统收集各功能模块和服务器节点的日志数据，实现日志集中化管理，提高系统管理的效率，同时保护日志数据的安全性，防止恶意的修改甚至删除，提供日志审计、电子取证及追溯入侵行为等功能。下面列出了日志系统基本的功能点。

(1)灵活的日志收集功能：拟态分布式存储系统的基础是动态冗余异构模型，它包含多个功能模块和服务器节点。为了减小执行体发生同类型缺陷的概率，拟态存储执行体采用不同的技术栈，因此日志系统需要具有灵活的日志收集能力，以支持不同类型的日志源。

(2)安全的持久化存储功能：日志记录对于拟态存储系统来说非常重要，管理员根据日志数据分析系统可能遭遇的情况，追溯入侵行为，及时修补漏洞。另外，在必要时为安全事件提供日志审计和电子凭证功能，因此日志系统需要防止日志记录被有意或无意地篡改甚至删除。

(3)采用高可用性的分布式架构设计：由于日志记录的重要性，日志管理模块不应该存在单点故障。考虑到未来业务的增长，日志系统需要支持水平扩展，各系统模块均要求以集群模式对外提供服务，而且不允许存在单点风险。

(4)日志查询分析：为了方便用户查询和分析系统产生的日志数据，日志系统应该具备便捷的日志查询和分析功能，具体为区块高度查询、指定区块高度查询区块的数据、指定错误码查询日志数据及指定时间范围查询日志数据。

目前，工业界的日志数据大多持久化存储在传统的数据库中，根据日志数据的量级选择单机数据库或者分布式数据库，例如，MySQL 和 HBase 等。在大数据互联网的应用场景下，工业界也将日志数据以文本的方式存储在分布式文件系统中，例如，HDFS，然后使用分布式计算技术做数据挖掘和个性化推荐等。区块链通过智能合约等方式，丰富了它的功能，使其不仅仅是一个存储系统。区块链在全节点中记录完成的交易数据，不支持删除和更新操作，共识算法防止单点作恶，保证数据的安全性和可用性，但是区块链具有高写入延迟和低吞吐量的缺陷。区块链和分布式数据库在查询方式同样存在差异，分布式数据库的查询功能需要多个节点系统工作，当读写和查询的操作太多时，其性能会快速下降；而区块链全部节点都存储完整的数据，因此每个节点都可独立完成查询操作。由于区块链数据存储结构相对复杂，其一般情况下的查询速度慢于分布式数据库，而且分布式数据库支持 SQL 语句，其查询功能更加丰富便捷。日志数据是拟态分布式存储系统中非常重要的一部分，它记录了用户的访问和系统的运行状况，系统管理员根据日志数据分析异常行为，系统配置管理器根据异常行为发起主动防御功能。为了预防攻击者在入侵拟态存储系统时修改甚至删除系统日志数据，导致难以追踪系统的缺陷和漏洞，拟态存储系统将日志数据持久化存储在区块链中。区块链中使用链式数据结构和密码学技术，实现其数据的不可篡改，其点对点多副本方式也提高了数据的安全性。

6.1.3　区块链日志研究现状

目前工业界已经发展了多种分布式日志系统，如 Apache 的 Chukwa[9]和 Facebook 开发的 LogDevice 等。Apache 所开发的 Chukwa 是一个开源的用于监控大型分布式系统的数据收集系统。它是在 Hadoop 的 HDFS 和 map/reduce 框架之上构建的，继承了 Hadoop 的可扩展性和鲁棒性，所能处理的数据量达到了 TB 级别。Facebook 的 LogDevice 日志存储系统是一个去中心化的分布式系统，它能在大规模集群下处理高并发事务的同时满足高可用、持续写入和按照记录顺序返回数据的要求。Elastic Stack 是 Elastic 公司开发的一套对数据进行收集、格式化、索引、分析和可视化的工具。它同时也称为 ELK Stack，其中 ELK 是 Elasticsearch、Logstash 和 Kibana 三个开源项目的缩写，Elasticsearch 是一个搜索和分析引擎，Logstash 是一个服务器端数据处理管道，它同时从多个源中提取数据，对其进行转换，然后发送到 Elasticsearch 中，而 Kibana 则允许用户使用 Elasticsearch 中的图表和图形可视化数据。Bilibili 的 Billions 日志系统是在 Elastic Stack 的基础上构建的，它的碎片有效管理机制降低了系统的内存消耗，减少了磁盘 IO 次数和提高了在数据量很大的情况下的检索速度。

这些传统日志系统主要对日志采集、查询和分析进行了高效的设计，而对日志存储的设计考量较少，通常采用已有的分布式存储系统来进行数据存储，如 HDFS 等，虽然通过冗余增加了系统的容错性，却无法处理集群中存在恶意节点的情况。当集群中的部分节点如 HDFS 中的 namenode 节点遭受攻击，有可能导致整个系统的崩溃甚至存储数据被删除。区块链是一种特殊的分布式存储系统，控制区块链系统运行的共识算法具有拜占庭容错性，即对恶意节点的存在具有一定的容忍能力，通过区块链技术构建日志系统将能提高日志系统的安全性。

2018 年 3 月谷歌公司成功申请了两项关于区块链日志系统的专利。专利中所描述的区块链日志系统使用去中心化的区块链存储架构存储签名数据和日志数据,并提供高效的以用户标识符为搜索关键字的查询方案,该系统通过记录所有的日记更改行为并结合相应的区块链校验技术,能检验出区块数据是否被篡改。该区块链日志系统使用两个区块链来存储不同的数据,第一个是目标区块链(target blockchain),包含用户的初始签名;第二个独立的区块链存储通过签名验证的数据。执行防篡改记录的主要方法是识别目标区块链中的现有块,其中现有块与一个签名相关联,以及识别第二区块链的块,其中所识别的第二区块链的区块与另外一个签名相关联,且第二区块链不是目标区块链的一部分。通过电子设备将新区块链接到现有块和第二区块链的块来向目标区块链添加新块,新区块的签名与第一签名和第二签名相关联。目标区块链和第二区块链可以是区块链的一部分。

　　虽然专利中做了充分的可行性分析,但是系统目前仍处于开发阶段,其相应的读写性能和数据可靠性有待考究。下面将讨论国家重大科技基础设施未来网络北大实验室研发的拟态分布式存储系统,该系统基于区块链技术和拟态防御理论进行设计,具有去中心化和内生安全的特性,并且系统中还集成了自主研发的区块链日志系统,同样具有日志防篡改的特性。

6.2　拟态分布式安全存储系统

　　在当今安全问题亟须解决的背景下,内生安全的拟态分布式存储系统首次被提出并在不断发展和完善。本节将从系统原理、系统架构、功能点定义和系统特点四个方面描述拟态分布式安全存储系统的设计和实现,以及分析系统如何保证数据的安全性和可靠性。

6.2.1　系统原理

　　分布式文件系统是基于单机操作系统和计算机网络环境构建的基础应用系统,通过多个服务器分担存储负荷,并使用全局元数据对文件信息进行管理,同时使用大量的复杂算法来保障数据安全性,如一致性、容错性和可用性等算法。分布式文件系统使用网络作为传输介质进行数据交换,却缺乏对抗网络攻击的防御功能,在遭遇网络攻击时显得极为脆弱,存在数据被窃取、数据完整性被破坏甚至存储集群宕机的风险。除此之外,对于操作系统存在的安全性问题,如病毒或木马等攻击行为,也会给分布式文件系统上的数据安全带来风险。

　　面对各种威胁,无论是目前已知的攻击手段,还是未知的安全漏洞,传统的分布式存储系统都缺乏有效的防御措施。从国家信息安全层面来看,目前国内可用于商业用途的操作系统寥寥无几,可选对象基本上都是国外产品,受商业因素或国家战略影响,部分操作系统可能被人为地设置后门,导致计算机网络上的漏洞事件频发。因此，如何从抗操作系统攻击和抗网络攻击的层面保障数据的安全性也是分布式文件系统必须考虑的重要问题。

拟态安全防御的提出就是为了解决以上提到的问题。拟态安全防御强调在主动和被动触发条件下动态地与伪随机地选择不同的软硬件变体执行，利用异构性、多样性改变系统相似性、单一性，从而使攻击者通过系统内外部的漏洞或后门观察到的软硬件执行环境具有很强的不确定性，并难以构建出基于漏洞或后门的攻击链，最终有效地降低系统的安全风险。动态异物冗余(dynamic heterogeneity redundant, DHR)防御机制源于拟态安全防御这一革新理论和技术。基于 DHR 机制的拟态文件存储系统架构通过可靠的访问控制机制、动态防御变换机制、异构冗余机制以及区块链日志机制，判断和追踪未知的威胁，阻断和扰乱各种攻击手段，最终达到有效控制系统安全风险的目标。

在拟态分布式文件存储系统中引入 DHR 防御机制，在不改变现有的分布式存储系统功能和结构的情况下，有效地解决了软硬件系统同构漏洞带来的整体安全性问题。在这种结构下，能兼容各种支持 POSIX 标准的分布式文件系统，并保留各分布式文件系统的特性，如高安全性、可扩展性、可靠性和高效性等。基于 DHR 思想的拟态分布式文件存储系统，增加了区块链日志功能和先进的存储编码，有效地解决了安全性与成本之间的矛盾。

6.2.2　系统架构

如图 6.1 所示，拟态文件存储系统在常规的存储架构上增加了拟态控制层，动态地将应用层的数据请求动态随机地分配到异构的存储节点上，实现对已知或未知漏洞和后门主动防御的功能。

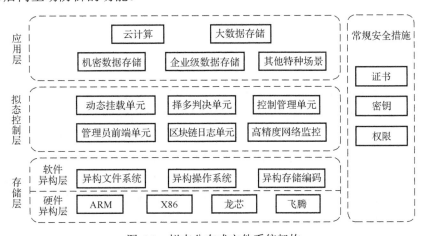

图 6.1　拟态分布式文件系统架构

应用层：应用层包含各种挂载拟态文件存储系统的应用软件或业务平台，挂载的服务器上需要安装拟态文件存储客户端程序后才能访问文件系统。

拟态控制层：拟态控制层是拟态文件存储系统的核心，包含动态挂载单元、择多判决单元、控制管理单元、管理员前端单元、区块链日志单元和高精度网络监控等。

存储层：存储层包含软件异构层和硬件异构层。软件异构层分为异构文件系统、异构操作系统和异构存储编码。每种类型的软件或系统由多种完全异构的产品组成，用于防止单个软件的单一性漏洞导致全局风险。其中异构存储编码可以有效地提高数据冗余度，降低设备投入成本。硬件异构层由主流的硬件架构平台组成。异构环境是通过使用大量不同版本的软、硬件产品构建的相对安全的支撑平台。从整体角度来看，平台节点的充分异构将有效地避免单个漏洞导致的全局性风险。

6.2.3　功能点定义

信息技术的发展瞬息万变，给我们的生活带来便利的同时，也方便了网络上的黑客肆意窃取我们的劳动成果。对于文件系统的防护，传统的容灾方案、病毒查杀和漏洞修复等措施仍然属于事后亡羊补牢，无法真正地实现攻击防御，在抵御未知安全威胁的场景下已经不再适用。

拟态分布式文件存储系统采用大量自主研发的先进技术，保障系统安全、高效、不间断运行的同时，还能有效地抵御各种类型的网络攻击，包括已知的漏洞和未知的威胁。此外，拟态分布式文件存储系统依据用户的需求适配各种类型的文件系统，满足用户的业务需求，同时降低管理成本，可一站式解决用户在数据安全上存在的困扰。拟态分布式文件系统包括以下功能模块：择多判决单元、控制管理单元、动态挂载单元、异物文件系统单元、日志管理以及相应的负反馈机制、节点状态调整方案和完善的管理员管理界面和客户端 UI 设计。

1. 择多判决单元

择多判决单元包含两个主要的功能组件，多路输入代理模块和多余度表决模块。多路输入代理模块将用户的写请求复制成多份发送到后端的异构文件系统中，增加攻击者扫描漏洞的难度，确保拟态文件存储系统能够提供性能稳定的文件存储服务。多余度表决模块的设计思想来源于拟态安全防御理论，异构系统同时存在相同漏洞并被同时攻破的概率微乎其微，对整个系统来说，可以认为在绝大多数异构系统中的同一文件不会同时发生变更，因此在文件内容或文件状态产生不同状态时，系统以多数相同状态为准，少数被变更的文件则被及时修复。文件变更产生的原因可能来源于存储系统本身的异常或者磁盘 IO 错误，也有可能是来源于外部的攻击。无论哪种状态，由于文件不一致产生的判决日志都将被永久保存，用于归档和管理员查询。同时，判决产生的异常和修复过程都将被实时显示在管理监控界面中，以供管理员实时对系统判决状态进行分析和处理。

多余度判决过程原理如图 6.2 所示。接收到用户的读操作指令后，多余度表决模块分别从不同的异构文件系统中读取文件并存放在缓存队列中，并对三份文件的内容一致性进行比对。如果内容是一致的，则选择其中的一份副本输出；如果文件的内容不一致，则执行多余度裁决算法，从结果中剔除不一致的数据，保证输出结果的一致性，并将裁决结果发送到配置管理模块的负反馈单元，启动主动防御措施，如修复异常的数据、下线异常的文件系统和断开异常的用户连接等。

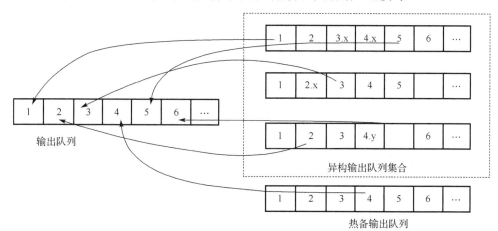

图 6.2　多余度判决过程原理

2. 控制管理单元

在拟态文件存储系统集群中，控制管理单元为系统提供全局配置管理和动态调度等服务，是整个系统的全局配置管理部分。其功能结构如图 6.3 所示。

作为核心的功能组件，一旦出现异常，将导致整个系统无法正常工作。因此 CM 模块采用高可用架构，控制器由至少两台节点组成 hot-standby（双机热备）模式。在 CM 模块中加入 ZooKeeper[10]组件，用于动态同步各动态变换节点的状态请求，以及动态选择 CM 模块主服务节点。

ZooKeeper 是以 Fast Paxos 算法为基础的，Paxos 算法存在活锁问题，即当有多个提议者交错提交时，有可能互相排斥导致没有一个提议者能提交成功，而 Fast Paxos 做了一些优化，通过选举产生一个 leader，只有 leader 才能提交 propose。

3. 动态挂载单元

Linux 虚拟服务器（linux virtual server，LVS）是一个虚拟的服务器集群系统。LVS 集群实现了 IP 负载均衡技术和基于内容请求的分发技术。LVS 服务器可以让客户

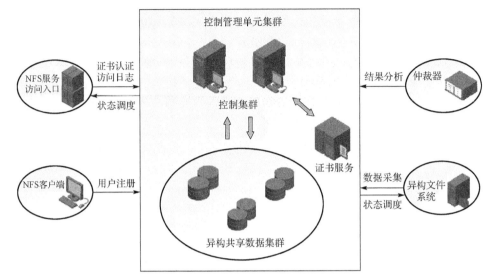

图 6.3　控制管理器的工作流程

端将 LVS 服务器作为一个连接的单点，仅仅通过连接 LVS 服务器便可以得到后端一整个服务器集群的处理与存储能力，这样能够大大提高系统的扩展性与可用性，同时也能够提供服务的安全性，单一入侵一台服务器并不会破坏其他与该服务器隔离的服务。

图 6.4 直观地展示了拟态存储系统模块的结构。挂载节点(部署了 NFS Server 和择多判决单元)连接用户和文件系统，当出现多用户并发访问时，单一的挂载节点将成为系统的性能瓶颈。为解决此问题，由多个挂载节点组成一个挂机节点池提高系统的并发处理能力，以分担多用户的并发访问请求。

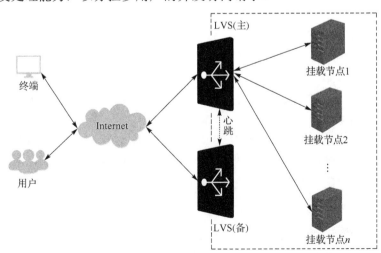

图 6.4　动态挂载单元结构图

从系统安全性来看，挂载节点直接面向终端用户，当攻击者劫持了挂载节点，将带来灾难性的后果。为了更好地保护挂载节点，在整体架构中采用 LVS 的 VS/NAT 模式来提高系统的安全性。

通过 NAT 转换，将外部网络用户的请求经过地址转换后转发到内部网络的挂载节点，由挂载节点提供服务。此结构的优点有以下几种。

(1)可以在各种网络环境下为用户提供服务。

(2)隐藏了后端挂载节点的信息。

(3)实现了挂载节点的负载均衡。

(4)配合 CM 模块实现挂载节点状态变更。

4. 异构文件系统单元

文件系统是拟态文件存储系统的底层载体。从安全和性能的角度考虑，在拟态文件存储系统中使用多种类型开源和成熟的文件系统作为底层的存储载体。

1)Ceph

Ceph 是一个可靠的、自动重均衡和自动恢复的分布式存储系统，根据场景划分可以将 Ceph 划分为 3 大功能模块，分别是对象存储、块存储和文件系统服务。Ceph 相比其他存储的优势在于它不单单是存储，还充分地利用了存储节点上的计算能力，在存储每一个数据时，都会通过计算得出该数据存储的位置，尽量将数据分布均衡，同时由于 Ceph 的良好设计，采用 CRUSH 算法和 HASH 环等算法，使得它不存在传统的单点故障问题，且随着规模的扩大，性能并不会受到影响。在拟态文件存储系统中，使用 Ceph 文件系统作为底层的存储载体，并在 Ceph 源码中嵌入实验室自主提出的 BRS 码和 CRS 码，为底层文件系统提供更加安全和高效的存储方案。

相较于使用多副本的常规数据容错方式，在系统存储层使用存储编码对数据进行重新组织和部署能够给系统带来如下优势。

(1)存储空间成本有效降低：存储编码将文件拆分为多个数据片段，并由原数据片段生成额外的冗余片段，存储系统将这些数据片段分散保存在分布式系统的多个节点上，一般来说，在具有相同数据修复能力的情况下，存储编码所占空间容量将远小于副本容错方式。

(2)数据安全性得到提升：文件存储系统中的文件都以编码的方式被分段分散存储在集群的多个节点上，不经过正常文件系统读流程得到的数据将无法被有效解码。当攻击者获取到单个或少量系统存储节点的数据时，由于缺少必要的系统存储编码关键参数信息和数据片段全局部署信息，将无法对得到的数据进行有效解码和信息提取，在这种情况下，对攻击者来说获取到的数据将是极难被破解的。因此在数据安全性方面，相对于多副本存储策略，存储编码存储策略能够有效地提高数据的安全性。

2) GlusterFS

GlusterFS(Gluster file system)是系统横向扩展(scale-out)存储解决方案 Gluster 的核心，它是一个开源的分布式文件系统，具有强大的横向扩展能力，通过扩展能够支持 PB 级存储容量，处理数千客户端。GlusterFS 借助 TCP/IP 或 InfiniBandRDMA 网络将物理分布的存储资源聚集在一起，使用单一全局命名空间来管理数据。

基于拟态的安全特性，拟态文件存储系统由多个异构的底层文件系统组成，基于这个原因，GlusterFS 也是拟态文件存储系统的组成元素。在 GlusterFS 中，有两种卷基于纠删码(erasure codes)，分别是 Dispersed 卷和 Distributed Dispersed 卷。其核心思想是以计算换容量，和 RAID 类似，同样突破了单盘容量的限制，且能够通过配置冗余(redundancy)级别来提高数据的可靠性，也就是说存储系统底层不做独立磁盘冗余阵列(redundant arrays of independent drives，RAID)，使用 EC 卷就能提供大容量的存储空间，还能保证较高的存储可靠性。

5. 日志管理

日志管理单元采用区块链技术记录和管理所有的系统日志及操作日志，解决日志丢失和被篡改的风险。区块链日志存储原理如图 6.5 所示，日志中记录了拟态存储系统的异常状态和系统状态变更，对于拟态系统的所有操作，都将以日志的形式写入日志系统，日志必须永久保存，且不能被篡改，而且要做到所有状态变更都有迹可循，有记录可依。拟态存储系统使用区块链技术对日志进行记录，区块链中的记录具有无法篡改的特性，写入区块链的日志都将被永久保存，且系统使用者不需要担心状态日志被修改的风险。

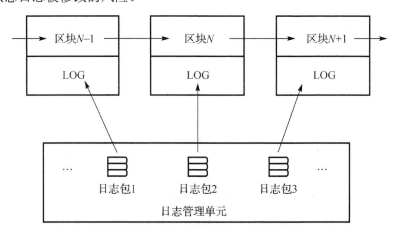

图 6.5　区块链日志存储原理

在日志管理单元中采用的区块链技术，其共识算法和日志采集存储架构都来自于本团队拥有自主知识产权的共识算法与软件架构的设计和代码,日志管理单元除了充分利用区块链的特性,在日志采集和存储过程中,还具有读写效率高、易于拓展和管理方便等特点。

6.2.4　系统特点

网络空间拟态防御在技术上以融合多种主动防御要素为宗旨:通过异构性、多样或多元性改变目标系统的相似性和单一性,通过动态性与随机性改变目标系统的静态性和确定性,通过异构冗余多模态裁决机制识别和屏蔽未知缺陷与未明威胁;通过高可靠性架构增强目标系统服务功能的柔韧性和弹性,通过系统的视在不确定属性防御或阻止针对目标系统的不确定性威胁。在拟态分布式文件系统中,动态性、异构性和冗余性体现在以下几方面。

1. 多样性

多样性概念源于生物多样性理论。在自然界中,生物为了适应自然环境会不断地改变生活习性和遗传基因,使同一物种在不同的自然环境中呈现出不同的体征。在当前的网络空间中,为了简化系统结构和运维成本,人们将一种功能实例化为单一的协议标准或同质化的软硬件实现。这种方式虽然降低了生成、研发和运维的成本,却给网络空间安全带来了隐患。同质化导致了程序的处理流程和运行机制是可探测的,攻击者很容易利用这些不变的规律和可能的缺陷实施攻击。例如,微软的桌面操作系统,因单一漏洞被利用导致病毒频繁爆发。

多样性是保证拟态文件存储系统的终端节点抗攻击的手段之一。在拟态文件存储系统中,多样性包含两个方面。

(1)软硬件平台多样性:Linux 操作系统是由开源社区维护的操作系统,众多厂商在开源的 Linux 内核上做进一步的商业化开发。目前共有数十种基于 Linux 内核开发的操作系统,在此基础上,还有为数众多的个人或团体开发的各种类型的软件包,这种开源的环境让 Linux 操作系统的功能和用途存在较大的差异,从嵌入式应用到桌面应用,甚至大型的服务器集群都有它的存在。不同厂家之间的产品在功能和特性上也存在差别,这些差别导致不同 Linux 操作系统之间的漏洞或后门也不一样。不同类型或版本的操作系统,再结合底层的不同架构的平台,如 X86、ARM 和龙芯等,组成了一个多元的分布式节点集合。

(2)应用系统多样性:为了提供更高效和更安全的存储解决方案,从传统的DAS、NAS 和 SAN 存储到各种分布式存储系统,越来越多的存储方案可供选择。拟态文件存储系统允许多种类型的文件系统用不同的存储方案接入拟态文件存储系统。在拟态文件存储系统的挂载节点上将以多种不同的形态出现,包括各种底层平台的可嵌入式设备和各种平台的服务器等。这种多样化的形态将有效地抵御各种已知或未知的安全风险。

2. 随机性

在拟态文件存储系统中，为了降低基于未知漏洞或后门的蓄意威胁，在多个功能节点上加入了随机化的状态操作。主要包含以下功能：多路径链路代理模块将收到的用户请求数据包随机地转发到不同的异构挂载节点上，让攻击者难以探测到单个目标对象，提高攻击者的成本和代价，降低攻击的可行性；多余度表决器在执行数据一致性裁决的过程中，在一致性结果的选择上，采用随机选取不同文件系统的输出结果策略。

3. 动态性

当拟态文件存储系统感知到有异常的接入请求或用户出现异常操作的情况时，配置管理模块将发起主动防御请求，即配置管理模块将向挂载节点发出节点状态变换的指令，挂载节点接收到指令后将主动断开所有的网络连接，并变换自身的状态属性，待安全威胁解除后，该节点将继续以新的状态重新提供服务。

在多余度表决器执行异常裁决时，如果发现文件系统异常，将由配置管理模块向文件系统发起状态变更指令，使异常的文件系统下线，待文件系统异常修复完成后再重新提供服务。

4. 可靠性

常规分布式文件系统出现硬件故障时，例如，节点宕机和硬盘故障灯问题，系统为保障文件的安全，需要在集群内部复制缺失的副本。频繁的文件修复将导致系统性能降低。而拟态文件存储系统从多个异构的文件系统随机选择文件对象，单个文件系统存在异常，不影响拟态文件系统的正常使用。拟态文件存储系统的主要模块均采用高可用或冗余架构方式，避免了部分组件失效而导致系统整体不可用的情况。

6.3　区块链日志系统的设计与开发

拟态分布式存储系统的其中一个需求是设计数据防篡改的去中心化的日志管理系统。本节将进一步阐述区块链日志系统的设计与实现。

6.3.1　基于 PoV 共识算法的日志系统架构

为了增强拟态存储系统日志数据的安全性，我们使用区块链技术构建拟态存储日志系统。融合 PoV 共识的区块链日志系统总体框架如图 6.6 所示，包括日志采集单元、日志存储单元及日志查询和分析单元。拟态分布式存储系统有多个日志来源，包括输入输出代理器(输入分发器和多模态判决器)、多个异构执行体和集群的配置管理模块。日志采集单元负责收集不同模块的日志数据，能够过滤无效的日志数据，并对日志进行格式变换，然后随机选择服务器节点发布日志数据。为防止服务器节点同时处理过多的请求，日志发布实现了负载均衡。日志查询和分析单元能从区块链中查询日志记录，支持基于区块链高度、区块日志、时间范围和错误码等方式的查询操作。区块链服务器网络为拟态存储日志系统的核心部分，每个节点互相通信构成一个去中心化网络，共同对外提供日志存储的功能。为了提高区块链存储系统的效率、扩展性和安全性，本系统采用 PoV 共识算法作为其一致性协议。

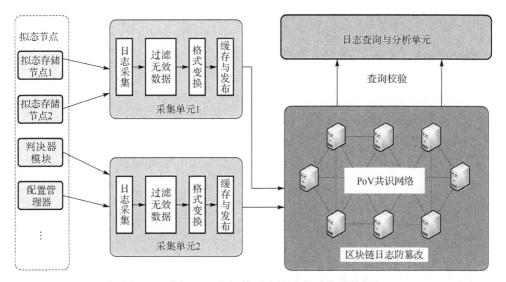

图 6.6　融合 PoV 共识的区块链日志系统总体框架

6.3.2　区块链服务器搭建

区块链日志系统由执行 PoV 一致性协议的区块链集群组成，通过区块生成、确认和发布的过程把数据存放在各个节点的本地数据库中，各个节点共同维护了一条不可篡改的区块链，同时向外提供数据接受及查询的接口。该区块链实现的功能分为三部分：区块链基本框架实现、PoV 一致性协议实现以及日志接收查询功能的实现。

区块链基本框架由网络模块、区块链存储模块、消息管理模块和密钥管理模块组成，PoV 一致性协议模块在这些模块的基础上实现，进一步实现了日志采集与查询的功能。整体日志系统服务器代码架构如图 6.7 所示。

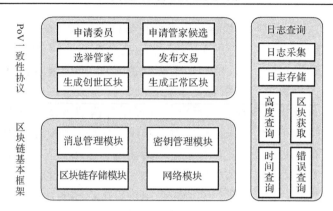

图 6.7　整体日志系统服务器代码架构

1. 网络通信功能

网络通信功能是区块链中最重要也是最基本的功能。这一部分使用 phxpaxos 开源网络库来实现，该网络库主要用于异步通信，具有性能良好和接口使用简单等优点。区块链网络模块在该网络库的基础上进行了进一步的封装，向上层提供发送消息接口以及回调处理函数，为了能适用于 P2P 的网络环境，在消息发送时可以发送给所有人或者发送给指定节点，在接收到消息时会根据消息的接收人判断该消息该由自己接收处理还是转发给其他节点。

2. 消息格式

节点之间的通信采用 json 格式作为消息的数据格式，json 格式的生成、读取和解析等功能由 rapidjson 开源库提供。该 json 库具有使用简单、高效及支持标准 json 格式等优点。一个基本消息格式包含如下字段。

Index：用来指定消息的编号，每个节点每生成一个消息，Index 就增加 1，接收到消息的节点根据缓存消息的 Index 及 Sender 字段判断该抛弃该消息还是进行进一步的处理。

Sender 和 Receiver：分别是发送节点和接受节点的 ID，为了适用于不同的网络环境，增加代码的可移植性，我们把一个节点的 IP 和端口号映射为一个 64 位的整数，在区块链中的每个节点都是用唯一的 ID 来表示，通过这样的设计把网络层以上的代码移植到特殊的网络环境后只需要修改通信方式和节点 ID 的映射关系即可。

Pubkey：发送节点的公钥，每个公钥代表区块链网络中的一个账号。

Type：消息类型，在本系统中共定义了 29 种消息类型。

Data：消息中存放的数据，根据消息类型的不同，存储的数据格式也有所区别。

Respond_to：接收到请求的节点在生成回复消息时在该字段填写请求的 Index 编号，请求节点接收到回复后根据该字段值找到对应的回调消息存储器并通过函数指针调用其中的回调函数对接收到的消息进行处理。

Signature：对数据进行的签名，确保该数据正确性。

3. 节点发现

当一个节点的区块链程序启动时，是没有其他节点的信息的，这就需要实现一个节点发现协议。我们实现的节点发现协议需要把区块链网络中的任一节点作为默认已知节点。假设网络中存在 P_1、P_2、$\cdots$、P_n 节点，所有节点一开始都知道 P_1 的 IP 及端口。网络中的节点周期性执行以下步骤。

S1：节点 P_i 向它的节点列表中的随机节点 P_j 发送节点发现请求，若节点列表为空则向 P_1 节点发送节点发现请求。

S2：节点 P_j 接收到 P_i 发送来的请求，把自己的节点列表发送给 P_i，然后把 P_i 加入到自己的节点列表中。

S3：P_i 收到 P_j 的回复后，把 P_j 加入到自己的节点列表中，然后把收到的节点列表和自己的节点列表做对比，对新发现的节点执行第一步的操作，即向这些节点发送节点发现请求，然后把这些节点加入到自己的节点列表中。

以三个节点为例执行节点发现协议。如图 6.8 所示，所有节点的初始节点列表为空，所有节点向 P_1 节点请求获取节点列表。P_1 先接收到 P_2 的请求，发送空的节点列表给 P_2，然后把 P_2 加入到自己的节点列表中，随后接收到 P_3 的请求，于是把包含了 P_2 的节点列表发送给 P_3，同时把 P_3 加入到自己的节点列表中。P_2 节点因为接收到空节点列表，所以不进行任何操作，只把 P_1 加入到自己的节点列表。P_3 在收到 P_1 的

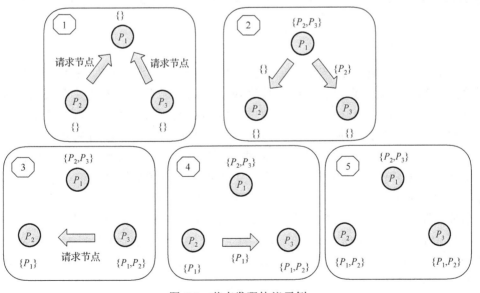

图 6.8　节点发现协议示例

回复后除了把 P_1 加入到自己的节点列表，还向 P_2 发送节点发现请求，同时把 P_2 加入到自己的节点列表中。因为 P_2 返回给 P_3 的节点列表中只有 P_1 节点，而 P_1 节点是 P_3 已经包含的，P_3 不做任何操作。节点发现过程结束，而所有节点都获得了其他节点的信息。

4. 区块链的存储及恢复

区块链日志系统使用 mongodb 来构建区块链的本地存储模块。由于模块中使用 json 格式来存储区块，而 mongodb 恰好也以 json 格式来存储数据，因此能和区块链系统无缝结合。区块链数据存储在 blockchain 数据库的数据集中，数据集以存储区块的账号来命名，因此，即使在同一个系统中开启多个区块链节点，只要这些区块链节点加载的账号不同，那么就不会造成冲突。节点在启动时会首先从数据库中加载区块链到内存中，再从 0 号区块(创始区块)开始逐个地更新系统变量，包括委员列表和管家列表等信息。最后根据区块链高度选择进入正常阶段还是创世区块阶段。

5. 密钥管理模块

该模块是一个独立于区块链的工具模块,不依赖于任何区块链的其他部分代码。密钥管理模块采用了 mbedtls 作为加密库，对外提供密钥存储、密钥生成、对字符串的签名验证、对 json 对象的签名验证以及对字符串进行 Hash 的功能。由于比特币的安全性已被广泛验证，我们希望加密算法尽量与其保持一致，因此采用 scep256 k1 算法来对数据进行签名验证。此外，我们对区块使用了 SHA256 Hash 算法进行 Hash 运算。

6. 区块同步

一个分布式集群中的节点失效是难以避免的事情，在一个节点失效退出区块链网络的期间，其他节点仍在继续生成区块。因此当一个节点恢复并重新加入区块链网络时就会因为和其他节点的区块链高度不一致从而无法接受新的区块，也因此需要在区块链程序中加入区块同步功能。在节点启动时，会首先加载数据库中的区块链，随后和其他节点进行区块同步。该部分需要解决如下问题：如何获取区块链网络中其他节点的区块链高度？由于不同节点中的区块链高度有可能不一样，需要如何同步到最高的高度？由于区块链的每个区块依赖于前一个区块，因此需要按顺序进行同步，如何保证获取区块的顺序？由于网络原因，有可能一直无法同步到区块，何时退出同步区块的状态？为了解决这些问题，区块链日志系统定义了 block_syncer 结构体来存储同步节点的信息，该结构体里包含同步节点 ID、同步节点区块链高度、同步开始时间和同步区块等待时间。同步算法如下所示。

S1：新启动节点进入区块同步状态。

S2：设置一个区块头等待时间 T_1，并记录一个同步开始时间 T_0，并且每秒钟向所有节点发送一个请求以获取其他节点的区块链的高度。

S3：节点每接收到一个高度回复，则对比回复中的区块链高度和自己区块链的高度，如果自己区块链的高度比回复中的高度低，则新建一个 block_syncer 存储回复节点的信息，然后把该 block_syncer 加入到队列变量 syncer 中。

S4：系统中设置有一个 current_syncer 变量作为当前正在同步区块的活动 block_syncer，当 current_syncer 无效，syncer 队列为空且当前时间 $T_2 - T_0 > T_1$ 时，则根据当前区块链高度判断进入生成创始区块阶段还是进入正常运行阶段。

S5：节点函数每次循环会根据高度和时间判断 current_syncer 是否有效，若无效，且 syncer 队列不为空，则从 syncer 队列中取出 syncer 作为 current_syncer。若有效，即其高度大于本地区块链高度，则向该 syncer 的持有节点请求高度为本地区块链高度加 1 的区块。

S6：当节点接收到请求的区块时，若该区块高度比自己区块链的高度高 1，则把该区块加入到自己的区块链中，再判断 current_syncer 是否有效，若无效，则返回；若有效，则继续请求比自己区块链高度高 1 的区块。

7. 算法解释

由于所有可能比自己的区块链高的 syncer 都被加入到队列中，且我们不在乎向哪个节点请求区块，我们只关心最终同步结束时的高度是否为区块链中的最新高度，因此只要遍历队列中的所有节点，必然能同步到最长链。由于只有在 current_syncer 及 syncer 队列为空时才需要判断请求区块高度是否超时，因此不会由该时间超时导致区块还没同步完就进入下一阶段的情况。同时如果一直收不到其他节点发送来的高度回复或者收到的回复高度并不比本节点高，则 current_block 一直是失效状态，syncer 也会保持为空的状态，那么高度等待时间 T_1 就很好地起到超时跳转的作用。我们设置当 current_block 失效并切换时才发起获取区块请求，当接收到请求的区块时再同步下一个区块。这样就能形成一个同步链，只有上一个区块同步完后才进行下一个区块的同步。同时由于每个 syncer 都有一个超时时间，这样就不会因为网络原因在一个节点无法通信时及时切换到下一个 syncer 进行同步。且在发送区块请求时会重置 syncer 的开始时间，从而避免 syncer 因为超时区块还没同步完就失效。此外，每隔 T_4 的时间就发送一次区块高度请求，因此在其他节点收到新区块后就能够及时更新到该新区块以保持和其他节点一致。这里的 T_1 和 T_4 是人为定义的参数，T_4 必须小于 T_1，同时小于产生区块的延迟时间，否则会造成无法更新到最新区块的情况。

8. 函数回调与超时

在一个以异步通信为基本通信方式的分布式系统中，通过回调机制来处理接收到的消息是常用的处理方式。由于接受消息的顺序是不确定的，我们需要在发送消息时发送唯一的标识符给其他节点，这样只要接收方接收到该消息时在回复中加入同样的标识符，发送方就可以知道是对某个消息的回复。区块链日志系统中定义了一个称为 CallBackInstance 的类来作为存储关于这个消息的字段，每次发送消息时就会把这个消息的标识符存在这个容器中，然后把该容器存放到一个 vector 数组中。由于我们希望消息发送有一个超时的功能，即在发送一个消息时会先查找 CallBackInstance 列表中是否已经存有该消息，若存在，则停止发送。否则发送消息并把存储了该消息的相关信息的 CallBackInstance 存放到 vector 中。

考虑到系统中一个消息需要发送给多个节点，例如，发送给所有委员或者所有管家节点，我们引入了一个新字段 child_type，该字段是一个 64 位整数，通过消息的 type 和 child_type 可以确定一个消息。该字段的设置给消息发送带来了灵活性，当需要发送消息给不同节点时，可以简单地把该字段的值设置为要发送的节点的 ID，这样就能确保消息不会重复发送给同一个节点，也不会被限制为只发送一个。如果有更复杂的需求，可以按照需要设置其他值，这就能满足更为多样化的应用环境。

整个区块链程序的运行流程分为三个阶段：同步区块节点、生成创始区块阶段和正常运行阶段。程序运行时先进行区块同步，在同步完成后根据区块链中的每一个区块对系统维护的状态信息，如各个身份的账号列表等进行更新，更新完后根据区块链高度判断进入生成创世区块阶段还是正常运行阶段。PoV 算法运行流程如图 6.9 所示。

9. 日志接收、转发及存储

日志同样以 json 格式进行传输，以 log 字段作为日志的判断依据。系统中没有对接受日志的节点做限制，区块链网络中的任意节点都可以接收日志。当任意节点接收到日志时，会把该日志封装成一个普通交易，随后发送给所有的管家节点。需要注意的是，区块链模块不对日志的完整性负责，即在管家把日志打包生成区块并发布之前，日志是有可能丢失的，因此日志采集方或日志产生方需要对日志进行缓存。产生的日志作为普通交易存放在区块中，从而存放在 mongodb 中。默认日志接收端口为 5010，该端口可按需修改。

10. 日志查询

日志查询服务共提供四种日志查询接口，分别是区块链高度查询、根据高度获取区块、按照日志时间范围获取日志及根据日志错误码获取日志。考虑到返回的日

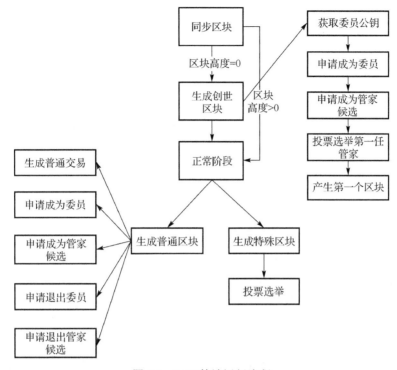

图 6.9　PoV 算法运行流程

志或区块信息量有可能很大,因此查询采用 TCP 的通信方式。和日志接收一样,每一个区块链节点都可以提供日志查询服务,我们设定的默认查询端口为 8001,可按需修改。

11. 参数配置

区块链在启动时可以通过传入配置文件对区块链的参数进行配置,下面将具体介绍各个参数的功能。

(1)区块最大交易量:为了防止产生的区块过大造成传输困难,需要对区块所能打包的交易数量进行限制,当缓存池中的交易数量少于区块最大交易量时,把所有交易打包放进区块中,当交易数量大于区块最大交易量时,则随机选取和最大交易量相同数量的交易放进区块中。

(2)生成区块延迟:设置每个区块开始打包区块前的等待时间。如果各个节点距离较近、网络延迟低、网络情况良好,那么区块产生速度将会非常快。在交易量较少的情况下可能会产生大量的空区块,造成无谓的存储资源浪费。因此需要限制每个管家开始生成区块的时间,只有等待超过这个时间后才可以开始打包区块。依据我们的实验结果,不同的网络情况下该参数过大或者过小都会影响区块链的吞吐量,因此需要按照实际需要进行调试配置。注意这个等待时间不能超过区块产生截止时间，否则会永远无法产生区块。

（3）委员节点：设置区块链初始化时的委员节点 IP 和端口，只在还没有产生创世区块时有用。因为所有委员节点信息都是存放在区块链中的，但一开始时区块链中没有区块，所以需要人为设定委员节点。该参数设置格式如下：

委员节点=127.0.0.1:5008,127.0.0.1:5009,127.0.0.1:5010

如果是在不同机器上，则各个节点 IP 设置为所在机器的 IP 地址，端口任意，如果是在同一个机器上启动多个节点，则需要设置 IP 相同且端口不同。

（4）管家候选节点：设置区块链初始化时的管家候选节点 IP 和端口，只在还没有产生创世区块时有用。需要注意的是，设置的管家候选节点必须大于管家节点数，否则委员节点永远不会投票选出第一批管家，也就无法产生创世区块。

（5）管家节点数：在生成创世区块时会写入区块中，以后整个系统的管家节点数量保持不变。在正常阶段这个参数不起任何作用。

（6）代理委员编号：在创世区块阶段由于没有管家，我们从委员中选出一个来作为代理委员处理各种协议事务，并生成创世区块。该参数取值范围为 0～委员节点数量−1。

（7）投票节点数：投票节点数也是写入创世区块的常量参数之一，它决定了每个委员对管家候选进行投票时的选举人数。

（8）每个周期产生区块数：该参数是写入创世区块的常量参数，用于确定每任管家产生区块的数量。在产生的区块数达到该值时委员自动进行投票选举出下一任管家。

（9）区块产生截止时间：该参数是写入创世区块的常量参数，该参数确定了每个管家能用于生成区块的时间的上限，以防止管家节点故障或者恶意不生成区块的情况。当一个管家在超过该时间而没有产生区块时，就自动轮到下一编号的管家产生区块，以此类推，直到能生成区块。

（10）交易缓存池容量：该参数设置交易池的大小，当一个管家节点接收到其他节点发送来的交易时，会将其存放进交易池中，在轮到自己生成区块时，再从交易池中取出交易放进区块中。但当网络中的交易量太大时，有可能造成交易池交易数量太大，对计算机内存造成负担。因此当一个节点接收到超出缓存池容量的交易，则把这些交易抛弃。

（11）私钥：设置节点加载的私钥。格式为十进制数字，例如

#私钥=

3332424442453036323844463446304532463533354142433142433444324530434143444630343234423531464530394239333635393442463938413244433600

(12) 公钥：设置节点加载的公钥。格式为十六进制字符串，例如

#公钥=

04145B3D09F344D407CFDF2A5EF4335DBE636132C3CC8741773E88CBE20071
1FB92EF7C2D33C09314F6569F6F506F71F03699006E6E1F216C7D6CBD7A1CCE27
593

(13) 清空数据库：可以为 yes 或者 no。若为 yes，则节点启动时会自动清空数据库，从零开始产生区块，否则不清空数据库，把数据库中的区块链加载到内存中，从正常阶段开始运行区块链。

(14) 查询端口：设置用于对外提供查询服务的端口。

(15) 同步区块的等待时间：设置等待区块头超时的时间和区块同步算法配合使用，详情请查看区块同步功能。

(16) 发送高度请求的时间间隔：设置在同步区块时发送高度请求的时间间隔。

(17) 同步器失效的等待时间：同步器失效设置 current_syncer 的超时时间和区块同步算法配合使用。

(18) 运行时间间隔：设置 PoV 线程的循环等待时间，用以调节程序运行速度。

(19) 默认节点地址：设置用于节点发现协议的默认节点的地址。

(20) 默认节点端口：设置用于节点发现协议的默认节点的端口号。

(21) 停止时间：设置程序从启动到停止的等待时间，用于模拟节点故障的情况。

(22) 本地地址：设置本节点地址，注意如果不是所有节点在同一台机器上运行，不可使用 127.0.0.1 作为本机 IP 地址，否则会导致通信无法正常运行。

(23) 本地端口：设置本节点端口号，若不同节点在同一台机器上运行，需要给不同节点配置不同的端口。

以上配置的所有时间单位均为秒。

6.3.3　日志采集单元

日志采集单元框架如图 6.10 所示。日志采集器连接拟态存储节点和区块链网络中的节点，各个模块通过 Socket 通信，可部署在相同或不同的物理节点。日志采集单元支持拟态存储节点通过 UDP 和 TCP 协议发送日志数据，日志采集单元会过滤无效的日志数据，然后根据日志数据的大小缓存到 UDP 和 TCP 消息缓存队列中。UDP 消息缓存队列中的数据最终会通过 UDP 协议发布到服务器节点中，TCP 消息缓存队列的日志数据最终会通过 TCP 协议发布到区块链中。日志采集单元会随机向一个节点发布日志数据，以避免向同一节点发送过多的数据，实现负载均衡。实际拟态分布式存储系统中，部署多个日志采集器，防止出现单点故障。通过日志采集单元的设计，将拟态存储节点和区块链节点分离开来，为构建通用的融合区块链防篡改日志系统打下基础。

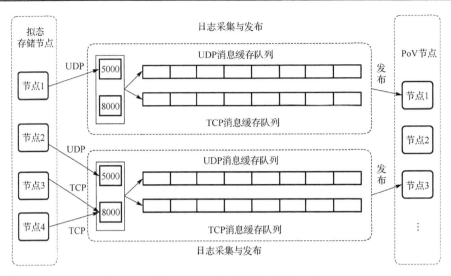

图 6.10 日志采集单元框架

区块链服务器节点在实现时使用了 Rapidjson、Mongodb 和 phxpaxos 等组件，日志采集单元接收到的日志数据都是 json 格式，并且必须带有 type=21 的字段。日志采集单元会为每条日志计算一个 Hash 值，添加在日志中。下面是一条标准的日志数据：

{\"type\":\"21\",\"detail\":{\"func\": \"proxy_getattr\",\"path\": \"\/\",\"err_fs\": \"0\", \"error\": \"There are main elements but with inconsistencies\",\"errorType\": \"1\", \"errorCode\": \"0\",\"Timestamp\": \"Sun Jun 3 03:20:07 2018\n\"},\"id\":\"1\",\" file_name\":\"/home/mounter/mnt/fs1\/\",\"errorType\":\"1\",\"errorCode\":\"0\",\"repair\" :\"0\",\"repair_fs_id\":\"\",\"repair_file\":\"\"}。

6.4 本章小结

本章主要介绍了区块链与存储系统结合的研究。由于共识算法、链式数据结构和加密算法设计的限制，区块链网络的可扩展性较差且区块存储数据的大小也有较大的限制，当区块存储的数量级非常大时，会大量耗费各个服务器的磁盘资源，并使数据的查询效率大大下降。因此，区块链适合存储元数据和日志数据等信息，而链下的相关联的存储系统用来存储数量级规模较大的结构数据。该种模型的实现仍需要保证链下存储系统的安全性和可靠性，而拟态分布式存储系统则可实现这两点。拟态分布式存储系统的 DHR 机制保证了数据的安全性和可靠性，而基于区块链的防篡改日志则为负反馈机制提供了有力的保证。

参 考 文 献

[1]　Ghemawat S, Gobioff H, Leung S T. The Google file system. Proceedings of 19 ACM Symposium on Operating Systems Principles, New York, 2003: 29-43.

[2]　Brunetti R. Windows Azure Step by Step. New York: Microsoft Press, 2011.

[3]　Decandia G, Hastorun D, Jampani M, et al. Dynamo: Amazon's highly available key-value store. Proceedings of ACM SIGOPS Operating Systems Review, New York, 2007, 41(6): 205-220.

[4]　Shvachko K, Kuang H, Radia S, et al. The hadoop distributed file system. Proceedings of Conference on Mass Storage Systems and Technologies, Sydney, 2010, 10: 1-10.

[5]　Weil S A, Brandt S A, Miller E L, et al. Ceph: A scalable, high-performance distributed file system. Proceedings of the 7th Symposium on Operating Systems Design and Implementation, Boston, 2006: 307-320.

[6]　Benet J. IPFS-content addressed, versioned, p2p file system. 2014, arXiv:1407.3561.

[7]　McConaghy T, Marques R, Müller A, et al. BigchainDB: A scalable blockchain database. http://cryptochainuni.com/wp-content/uploads/bigchaindb-whitepaper-DRAFT.pdf. [2017-04-26].

[8]　Jajodia S, Ghosh A K, Swarup V, et al. Moving Target Defense: Creating Asymmetric Uncertainty for Cyber Threats[M]. Berlin: Springer Science and Business Media, 2011.

[9]　Boulon J, Konwinski A, Qi R, et al. Chukwa, a large-scale monitoring system. Proceedings of Cloud Computing and its Applications, New York, 2008: 1-5.

[10]　Hunt P, Konar M, Junqueira F P, et al. ZooKeeper: Wait-free coordination for internet-scale systems. Proceedings of USENIX Annual Technical Conference, Berlin, 2010, 8(9): 11.

第 7 章　基于联盟链共识的共管共治多标识网络体系管理系统

本章将介绍一种结合区块链技术的新型多标识网络技术，主要包括目前互联网域名系统的背景和研究现状、多标识网络体系管理系统的主要框架以及核心模块。

7.1　背景介绍与需求分析

互联网现有的域名系统存在着严重的缺陷，导致其能够被个别机构所掌控，这带来了巨大的风险，因此推动了分布式各方共管共治的域名系统的出现。本节将介绍现有域名系统的缺陷以及国内外关于域名系统研究的现状。

7.1.1　应用需求

互联网在建立之初本源是分布式、平等开放的全球性系统，但由于现有域名系统(domain name system，DNS)非自治性的存在，某些国家和机构对其有相对的控制权。同时，传统 DNS 存在着效率低、服务分配不均、信息易被篡改和对分布式拒绝服务(distributed denial of service，DDoS)攻击抵抗力弱等诸多问题，会对国家信息安全造成一定威胁。大量的调研以及深入的实践表明，现有的 DNS 或者基于此的各种优化和替代工作都无法从根本上解决 DNS 中心化的问题，难以满足各方参与、平等开放的互联网本质需求。

目前有越来越多的组织和单位希望参与域名服务，促进网络中立。而近年来兴起的区块链技术具有去中心化、时序数据不可篡改和安全性高等特点。借助区块链技术，研发自主可控、开放及共享的分布式域名系统，对推动新兴网络技术的发展具有重要意义。

然而，使用区块链构建系统面临一些挑战。

(1)数据存储的限制：区块链的日志结构意味着所有的状态变化都记录在链上，且参与网络的所有节点必须保持区块记录的完整副本，这限制了现有技术下商业硬件可以支持的区块链规模。

(2)写缓慢：交易的处理速率受区块链共识协议影响。新的交易通常需要几分钟到几个小时才能被接受。

(3)带宽限制：每个块的总交易量由区块大小决定。为了维护公平性，所有的节点都应该在大致相同的时间里接受新公布的块。因此，区块大小通常受节点的上行带块限制。对于比特币系统，当前带宽是 1MB(大约 1000 笔)/新的区块。

考虑不同国家、组织和研究机构平等参与域名管理系统的需求，针对区块链技术面对的现有挑战，本书利用分布式技术、密码学、点对点网络和共识算法等组合技术体系，探索新型可被公证、易于管理、高可信的区块链技术，构建域名服务系统的全球共治及区域自治的管理体系，研发面向未来网络的可管可控的高安全性的域名管理系统。

7.1.2　国外研究现状

随着现代科学技术的发展，互联网已经成为当今社会进步不可缺失的一环，其作为信息的一种载体，已经渗透到包括政治、经济、文化、教育和医疗卫生等人类生活的各种领域。全球域名系统是互联网的神经系统，主要功能是实现域名到 IP 地址之间的映射关系，方便用户访问绝大多数的互联网应用服务，这关系着全球互联网的安全稳定运行。因此，DNS 是现在互联网体系架构中最为关键的核心基础设施，其中的域名解析服务深刻影响着全球互联网的运行情况。域名解析服务用于处理客户端的域名请求，其递归解析结果最终由全球 13 个根服务器节点确定。为了避免单点故障，现有 DNS 架构已优化为集群式的层次数据库模式，自上而下分别为根 DNS 服务器、顶级 DNS 服务器和权威 DNS 服务器，并通过分层缓存策略大幅度加速域名解析过程。

2000 年，互联网名称与数字地址分配机构(The Internet Corporation for Assigned Names and Numbers，ICANN)在全球部署了 13 个根服务器，RFC2535 宣称受字节数限制，根服务器数量无法进一步扩展，此后几年各根服务器开始在全球广泛设立镜像服务器，通过任播技术响应域名解析请求[1]。而根服务器、域名和 AS 号等关键互联网资源管理权仍属于美国商务部下属国家电信和信息管理局(National Telecommunications and Information Administration，NTIA)。单一国家管理及中心化架构的 DNS 给全球互联网安全带来了巨大威胁。2002 年，DNS 根服务器遭受大规模 DDoS 攻击[2]，导致全球域名解析服务受到严重影响。2014 年，中国 DNS 解析服务发生故障，所有通用域名遭到不同程度的 DNS 污染[3]。2015 年，土耳其国家顶级域名遭到攻击，几乎所有".TR"域名无法访问[4]。

为此，以美国为首的发达国家近年来大幅度推进未来网络体系、可重构网络及新型域名解析等相关技术研究，期望用理论与技术的革新来争夺或保持美国在域名解析和网络控制等方面的绝对优势。同时，各国也针对其发展制订并发布了一系列相应的宏观决策及政府支持文件，力图抢占未来网络领域的制高点。

2010 年 8 月，美国国家科学基金会发布了未来网络架构(Future Internet Architecture，FIA)计划，资助了四项前瞻性网络研究：命名数据网络(named data network，NDN)、移动网络(MobilityFirst)、云网络(Nebula)和可表述网络(expressive internet architecture，XIA)。NDN 项目[5]旨在开发一个新型网络架构，建立以内容为中心的表达性互联网架构；MobilityFirst 项目[6]将节点移动作为节点的常态作为处理，使用通用的容迟网络技术(generalized delay-tolerant network，GDTN)以增强网络的鲁棒性和可用性。在美国国家科学基金会及 18 所顶级大学及实验机构的共同参与下，FIA 项目已于 2015 年进入 FIA-NP(Future Internet Architectures-Next Phase)阶段，计划以上述网络体系架构为基础来构建覆盖全球的新型互联网。

2012 年，欧洲联盟(简称欧盟)在原先未来互联网研究和实验(Future Internet Research and Experimentation，FIRE)计划[7]的第一期未来网络架构及服务机制研究的基础上，投入约 2500 万欧元继续资助有关未来互联网体系理论和实验的研究工作，着重研究未来互联网中的自我认知管理机制方向，以构建智能化网络。2012 年，日本 AKARI[8]及德国 G-lab 计划[9]也相继进行第二阶段建设试验床的工作。然而，两个项目均未针对整体未来网络体系架构进行设计。

上述项目仍存在中心化解析及管理架构的问题，难以实现互联网各方参与、共同管理的初衷。随着区块链技术的深入研究，国外各界开始对以区块链为底层架构的网络体系进行积极的研究和探索。2011 年 8 月，Kraft 等创立了 Namecoin 项目[10]，提出了基于区块链的域名系统、分布式域名存储及合并挖矿等若干解决方案，并且在网络安全性、可用性和矿工管理等方面进行了尝试。2013 年，普林斯顿大学的 Ali 团队建立了 Blockstack 项目[11]。Blockstack 系统维护一个独立的命名系统，作为逻辑层运行在底层的 Namecoin 链之上，且系统通过数据层和控制层的分离，提高区块链数据存储的限制。但由于 Namecoin 链存在算力集中、矿工抵抗升级和恶意域名注册等无法解决的问题，特别是到 2015 年，中国的矿池鱼池(FzPool)已经控制了 Namecoin 67%的算力，因此 Blockstack 团队宣布舍弃 Namecoin 链，转而切换到比特币区块链。2016 年，Blockstack 团队进而提出了虚拟链技术[12]以支持逻辑层在不同底层链之间的移植。Blockstack 项目对区块链网络架构、分布式数据存储以及无限分类账本等技术进行了深入的研究，有效地增强了区块链域名系统的整体鲁棒性以及可重用性。但其域名解析系统仍是对现有 DNS 系统的补充或替换，无法从本质上解决现有网络架构中 IP 层存在的细腰结构问题，从而制约着信息网络的总体功能。

因此，目前对新型域名体系的研究需要考虑对未来网络体系架构的向上兼容性，同时要求与现有的互联网架构相比在安全性、可扩展性和移动性等诸多性能上有较大幅度的改善。国际上对基于区块链的未来网络体系架构也存在着广泛的调研和深入的研究。2016 年，Benshoof 等[13]提出了基于区块链的 NDN 项目——下一代互联网络体系架构 D3NS，通过区块捆绑命名内容来代替传统 IP 地址进行路由转发，提高了区块在网络中的传播速度以及网络节点对 DDoS 攻击的抵御能力，但其存在着用户 IP 信息泄露以及无法大规模部署的问题。Zupan 等[14]使用 Apache Kafka 和 Hyperledger Fabric 完成了 HyperPubSub 系统的搭建，通过使用被动的发布/订阅系统接收方式降低了整体网络的负载以及区块链结构导致的时延，标志着以区块链为底层技术的新型网络架构已初具规模且发展迅速。

由此可见，在美国的带动刺激下，西方发达国家及日、韩等国家都纷纷跟进并大力寻求跨时代式的未来网络体系，全面推进本国技术创新，试图在互联网发展竞争热潮中抢占领先地位，塑造未来全球互联网的新格局。

7.1.3　国内研究现状

自 2003 年中国电信集团有限公司(简称中国电信)引入第一个根服务器镜像——F 根镜像起，至今我国拥有共计 9 个根服务器镜像节点。中国互联网信息中心(China Internet Network Information Center，CNNIC)作为国内顶级域名注册管理机构，负责运行和维护".CN"顶级域。2011 年 6 月，新通用顶级域(generic top-level domain，gTLD)计划[15]的实施使中国域名市场进入创新增长期。为了维护我国域名管理和服务秩序，推动互联网健康发展，中华人民共和国工业和信息化部在 2012 年发布了《关于互联网通用顶级域申请有关问题的通告》[16]，一批域名注册服务机构先后成立，共同推进域名服务发展。目前，我国域名市场形成了注册管理机构-注册服务机构两级服务结构雏形。

就国内发展趋势而言，国家非常重视对未来网络体系架构及域名解析的关键理论和技术的研究。"十一五"以来，国家对新一代信息网络基础理论研究进行了大规模的部署和支持。2007 年，国家重点基础研究发展计划(973 计划)启动了"可测可控可管的 IP 网的基础研究"项目[17, 18]，主要针对现有 IP 网络的可测可控可管性进行深入研究。2008 年，国家 973 计划资助了"新一代互联网体系结构和协议基础研究"项目[19, 20]，研究面向未来的新一代互联网体系结构与协议。2011 年，国家 973 计划支持了"面向服务的未来互联网体系结构和机制研究"[21]和"可重构信息通信基础网络体系研究"[22]两个项目。前者从"演进式"与"革命式"两个研究思路对以服务为中心的未来互联网体系结构开展研究，后者提出了"可重构网络"思想并建立了可重构信息通信基础网络体系。这些项目的开展也体现着现有网络体系迈向未来网络体系的不可抗拒的发展趋势。

近年来，国内各界相继从 DNS+IP、区块链技术和新型网络体系架构等不同侧面对信息通信网络体系进行了积极的研究和探索。哈尔滨工业大学研究了一种新型方案以替代现有的由互联网数字分配机构(Internet Assigned Numbers Authority，

IANA)发布根区文件的网络体系[23]，并通过建立国家根及其网络架构，分离了根区权限管理和域名解析机制，实现了域名解析过程中的各个国家权力制衡。2015年，下一代互联网国家工程中心参与雪人计划(Yeti DNS Project)[24]，通过部署 IPv6 根服务器来打破 IPv4 根服务器困局，以期实现未来互联网的多边共治格局。同时，以清华大学吴建平院士为代表的科研团队在 IPv6 协议及关键技术研究方面取得了诸多成果[25-27]，并推动制订了相关的 RFC(Request for Comments)标准，为 IPv6 在我国落地发展奠定了理论基础。

在国内的未来网络体系研究方面，中国人民解放军信息工程大学提出了一种新型的信息通信基础网络体系架构[22, 28]，通过构建一个功能可动态重构和扩展的基础物理网络来满足不同业务的网络需求，从而解决现有 IP 网络固有的性能瓶颈问题。清华大学提出了一种可重构的、以服务为中心的网络模型[19]。国防科技大学研发了一种基于虚拟化技术的可重构网络路由器模型[29]，通过程控技术实现可重构路由器为不同部件提供相同的运行环境，提升了整体新型网络体系架构的开放性和安全性。

在基于区块链技术的新型域名网络的研究中，CNNIC 提出了一种基于区块链的域名解析方案[30]，通过改变区块链 32 位的公钥信息为用户域名实现区块链域名的简化注册，解决了公钥记忆和存储难的问题。北京泰尔英福网络科技有限责任公司利用区块链技术对域名、标志、码号和商标等网络重要资源进行管理[31]，实现任意两端建立智能的数字连接能力。北京邮电大学网络与交换技术国家重点实验室网络管理研究中心提出了一种基于区块链的开放数据索引命名(open data index name，ODIN)模型[32]，赋予数据 ODIN 标志以实现域名的解析、映射和路由等功能。同时，通过采用跨链组网技术和多级编码方式，网络中的元数据描述将通过所登记的数据访问点(access point，AP)直接与实际统一资源定位符(uniform resource locator，URL)相连接，提高了基于区块链的域名系统的可用性和安全性。但 ODIN 直接将数据存于底层区块链中，导致其存在数据存储限制大和读写内容缓慢等问题。

总而言之，当前国内外均对新型网络体系和新型域名解析体系的研究工作高度重视，尤其致力于解决现有网络中存在的路由瓶颈、移动性管理、DNS 服务和服务质量(quality of service，QoS)管理等热点问题。从研究进展上看，老旧的体系架构已经在修修补补中运行多年，新型体系架构的研究大多处于实验室设计或创新探索阶段，各国对革命性的改革仍保持谨慎和稳步探索态度。从研究趋势上看，IPv6 以及支持多模态路由寻址的未来网络体系代替现有 IPv4 体系的趋势不可逆转，新型域名系统的设计、实现、部署和运行需要兼容未来网络体系，并采用渐进式部署的方式逐步实现在 IPv4-IPv6-未来网络不同发展阶段的域名解析服务。同时，针对目前各个国家、组织平等参与域名管理的需求，使用具有去中心化、时序数据不可篡改及安全性高等特点的区块链可编程技术逐渐成为各国对新型域名系统的创新点。因此，本系统结合区块链技术，支持内容、身份、空间位置及地址等多标识寻址功能，实现域名解析机制中的无中心化管理、各方参与、多边共管和平等开放，以期推动构建未来的全球网络空间命运共同体。

7.2　新型多标识网络体系管理系统

本节将介绍新型多标识网络体系管理系统，包括多标识网络背景、系统架构和其中的标识解析业务机理。

7.2.1　多标识网络体系

为了从根本上突破传统 IP 承载的能力瓶颈，解决服务适配扩展性差、信息网络基础互联传输能力弱、业务普适能力低及安全可管可控性差等问题，可重构信息通信网络理论体系应运而生。在 TCP/IP 网络中，IP 地址既用于位置标识又用作端点的身份标识，这种双重身份不仅限制了网络移动性，也带来了一定的安全隐患，因此未来网络协议的设计应集成内嵌标识与地址分离的解决方案。此外，随着业务需求逐渐由关注通信转变为关注数据内容，新的网络协议必须能够支持面向内容的寻址与路由。

考虑到改善网络的初衷，未来网络应当包含以下特性：稳定、高效、安全，以及用户质量体验。基于这些假设，数据内容是未来网络的第一对象。本系统采用内容中心网络(content centric network，CCN)来保证保密性、可用性、完整性和安全性。

未来网络定义的核心协议需要考虑当下的 IPv4/IPv6 等协议。IPv4/IPv6 利用地址空间，但是地址仅表示网络节点的位置信息，而特定的信息与访问存在于独立其上的逻辑空间。在 CCN 中，内容的名字和属性是凌驾于网络行为之上的，网络更多关注的是如何获取数据内容，且不再依靠端到端的模式，因此路由获得通路的方式也发生改变。基于此，本系统提出了新型多标识网络体系架构，将网络路由中建立连接和获取数据两个步骤抽象为两个不同的层面，由此分离内容本身和支持内容的地址。

新型多标识网络系统架构如图 7.1 所示。该架构分为三层，即管理面、控制面和路由面。管理面主要包含网络流量管理、策略配置等功能。控制面主要包含服务网络控制和身份网络控制等功能。路由面包含多种路由标识，以及多标识寻址和数据转发的功能。

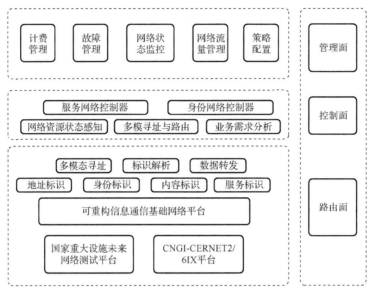

图 7.1　新型多标识网络系统架构

7.2.2　系统架构

结合区块链的新型多标识网络体系管理系统的整体架构模型如图 7.2 所示。系统自上而下共分为控制层、路由层及数据层。其中，控制层又分为联盟链管理子层及联盟链控制子层，联盟链管理子层负责标识管理和权限管理等更多与线下相结合的事务，联盟链控制子层依靠 PoV 算法达成共识并记录域内的路由状态及请求认证等信息。路由层完成对地址标识、内容标识和身份标识等多种网络标识的解析，同时负责数据包的转发及过滤。最底层为数据层，包括链上数据子层和云存储子层。链上数据子层存放标识解析的最小必需的数据，采用区块链式存储。云存储子层存放网络标识的全部信息，即链下数据，采用本地数据库存储。链上数据和链下数据均使用 Hash 校验来保证数据的不可篡改性。校验上链、数据下链的存储策略，合理地利用了区块链擅长认证及交易的特性，同时避免了区块链数据查询所存在的缺陷，提高了整体系统的服务效率。

7.2.3　标识解析业务机理

在新型多标识网络体系管理系统的整体架构模型中，控制层以及路由层构成了系统的路由网络，其垂直分层的网络端到端的拓扑结构以及业务机理如图 7.3 所示。

基于区块链的新型多标识网络模型将路由转发平面与控制平面分离。转发平面的网元功能相对单一，采取分域管理方式，并且逻辑分层和多模态重构，可以高效地完成数据包的转发及过滤，支持普适业务。控制平面主要由管理转发网元的智能代理组成，智能代理一方面负责域内转发网元的多维感知、资源管理、网络可重构以及多种寻址标识的生成；另一方面负责域间的智能协调，完成域间寻路、标识映射、资源调度和路由维护等工作。

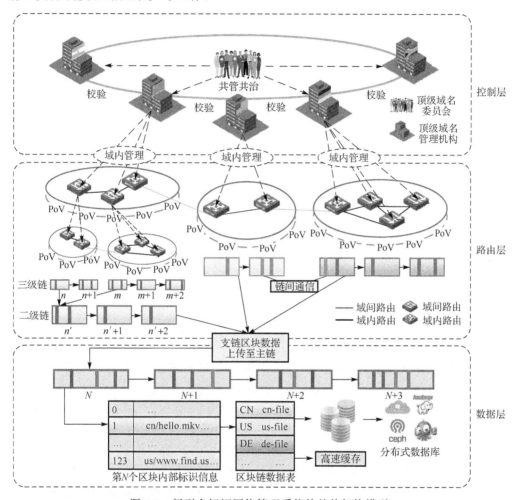

图 7.2　新型多标识网络管理系统的整体架构模型

标识注册步骤如下所示。

(1)任何能被路由寻址的标识都需要事先在网络中进行注册。只有当标识通过联盟链的认证并分配相应标识之后，该资源才能被网络中其他节点访问。若用户申请注册域内标识，则只需要在本地域完成共识认证，其详细数据信息将存放在该域的全局节点的本地数据库中。若用户申请注册域间标识，则需要在相关的两个域内均进行共识认证，其详细的数据信息将接收到双方签名之后存放在各自的全局节点的本地数据库中。

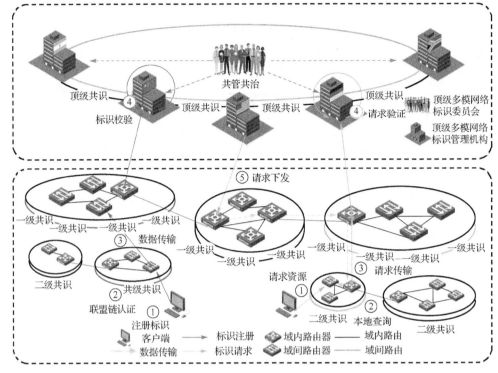

图 7.3　网络端到端的拓扑结构以及业务机理

(2)本地的联盟链在接收到用户传输的标识注册请求之后,联盟链节点将对其内容进行相关审查,并在域内达成共识,随后为产生的标识注册区块加上本地的标识前缀上传至上一级联盟链。

(3)当上一级区块链节点接收到标识注册区块之后,按照一定的路由协议将其注册标识报文传输到其所在域的控制器进行后续认证及注册操作。

(4)顶级联盟链节点在接收到一级区块链的标识注册区块之后,对该区块内的数据进行校验并将返回原申请节点相应的确认信号。由于系统采用区块链数据库与区块内容相分离的原则,原标识信息将存储在顶级域的区块链数据库之中,每当有一个请求完成时,全网将进行相应的区块链数据库同步工作以确认各个顶级域服务器之间的资源标识信息对等且统一。

网络资源请求流程如下所示。

(1)当请求的内容已获得网络注册后,客户端即可使用相应的统一资源标识符向最近的路由器传送兴趣数据包请求所需要的资源数据包。

(2)当最近的路由器接收到用户发出的请求后,通过查询转发表来确定是否要向上级服务器转发请求。如果相应的标识内容已存放在本地的联盟链中,即返回相应的标识内容;否则,进行步骤(3)。

(3)当本地联盟链数据库内没有相应的标识内容时,将此查询请求上传至上一级联盟链节点之中。上一级联盟链节点在接收到下一级所发送的查询请求之后,按照步骤(1)~(2)进行查询。如果查询到相应的标识内容,将返回相应的内容标识给下一级联盟链节点,否则,将此查询请求继续传递给上一级联盟链节点,直到顶级联盟链节点。

(4)若顶级联盟链服务器查询到相关已被注册标识,则自动根据现有网络的动态拓扑结构下发相关的最短路径。网络中的转发线路上的相关路由器将收到新的转发路径表,通过多跳路由建立数据传输通路。若顶级联盟链节点未查询到相应的标识,进行步骤(5)。

(5)顶级联盟链节点将根据标识的第一个前缀将查询请求下发至特定的联盟链,直至到达查询请求所指定的最底层联盟链节点进行本地查询。若成功查询到相应标识内容,则将相应的资源内容传递给查询请求方;否则,返回查询错误信息。

7.3　核　心　模　块

在本节中,我们将进一步剖析多标识网络体系管理系统,从核心模块入手分析整个系统,主要包括多标识寻址过程、内容中心网络寻址过程、PoV 区块签名机制和标识数据存储机制。

7.3.1　多标识寻址过程

多模态路由是指以多模态寻址方式为依据,建立有效适应多样化业务需求的网络路由过程。业务在路由过程中对多模态路由寻址的特殊需求称为多模态路由约束。

多模态路由是整个寻址路由架构中的核心功能部分,考虑到共存的多模态路由协议增加了网络路由的负担,所以每个多模态路由的设计应满足简单、易于计算和收敛快等要求。本系统设定了 4 种路由寻址方式,分别为身份、内容、空间坐标地址和 IP 地址寻址。

路由器中预安装了多种不同功能的处理方法,例如,大量的安全加密算法、多种报文压缩算法等。在报文的传输过程中,路由器会根据报文携带的信息以及控制器指示的动作指令,构成一条服务链对报文采取处理。域内路由器分为两种,一种是只与域内其他路由器互连的普通路由器,每个路由器中维护了一张记录该路由器收集到的域内信息的转发表,如图 7.4 中的路由器 B、C、D、E;另一种是与其他域互连的边界路由器,它连接了两个及以上的网络,并维护了相应的转发表和路由表,如图 7.4 中的路由器 A。边界路由器与其他域互连的链路并不在它的域控制器的控制范围内。

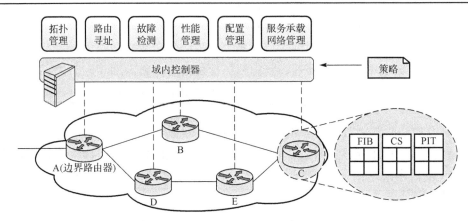

图 7.4　基于内容的多模态路由寻址方式

图 7.4 展示了基于内容的多模态路由寻址方式。域内控制器是整个域内路由系统的大脑，域内控制器将路由计算以及路由状态分析从路由交换设备中分离出来，构成了路由路径选择的核心。为了尽量地减少控制层性能瓶颈的出现，控制层实际是由一个运行着独立网络操作系统的节点集群，通过反向代理的方式处理来自路由器的请求以实现负载均衡。在控制层中，主要有拓扑管理、路由寻址、故障检测、性能管理、配置管理和服务承载网络管理等功能。

多模态路由与传统路由的不同之处，主要体现在以下几方面。

(1)在进行路由计算时，网络先要通过认知功能得到网络视图以及应用要求。网络视图中不仅包括拓扑的节点互连信息，还包括网络资源的动态运行数据，如节点负载、链路带宽利用率、节点成本、链路时延和丢包率等；应用要求是指应用的数据传输时需要满足的要求，如 QoS 指标、安全要求等。

(2)多模态路由计算的算法类型是多样的,最终的服务路径是根据应用要求的约束选择特定的路由计算算法实现的。

(3)多标识网络中的服务路径是有状态的传输路径，即服务路径建立后，路径的传送能力继续受认知功能的监测。若不能满足应用需求，即达不到路径的约束条件，则执行新一轮的多模态路由计算。

为了支持多标识网络中定义的多种路由标识多模态寻址，多标识路由器节点需要为每一种路由标识维护其转发信息库(forwarding information base，FIB)。FIB 的数量与网络支持的路由标识数量相关，当有新的路由标识出现时，需要构建一张新的 FIB。目前多标识路由器实现了 3 种 FIB。

(1)主机标识转发信息表 LFIB。记录主机标识的转发信息，其表的规模由自治域内的主机数量确定。具体来说，与传统的 IP 网络一样，记录网络地址以及转发的出口。

（2）身份标识转发信息表 HFIB。记录身份标识的转发消息，其表的规模与自治域中存储的身份数量相关。

（3）内容标识转发信息表 CFIB。记录内容标识的转发信息，转发出口是 Face 的集合，其表的规模与网络中注册的内容数据相关。

内容网络中承载身份的多标识网络架构如图 7.5 所示。该架构引入了一个新的实体——域间代理路由器，并将整个 CCN 划分为多个不同的域。在每一个域中部署一个域代理，可以将域代理看作其所在域的边界网关。域间代理路由器本质上是具有很多额外功能的 CCN 边界路由器。每个域间代理路由器都通过特定的名字进行标识，或者通过其所在域的前缀进行标识。

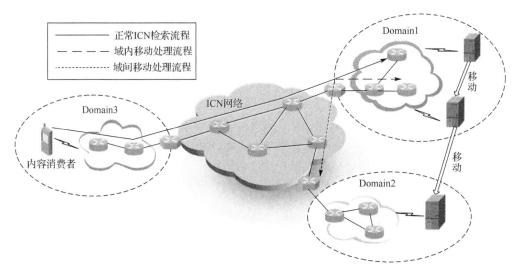

图 7.5　内容网络中承载身份的多标识网络架构

7.3.2　内容中心网络寻址过程

内容中心网络旨在改进 IP 协议，担任网络沙漏中的细腰部分，使报文的处理流程从面向通信端点地址转为面向内容的名字。换言之，IP 协议是将包递送到指定的地址，而内容中心网络则是从网络中获取具有相应名字的数据。

内容中心网络的转发过程主要依赖于以下两种数据包：兴趣包（interest packet）和数据包（data packet），如图 7.6 所示。兴趣包中必须携带自己所请求的内容名称，以请求该名字标识对应的内容。另外，兴趣包中还可能承载优先顺序、随机数和发布者过滤器等可选项。一般情况下，兴趣包中还包含跳数限制（hop limit）和寿命值（life time）等用于及时丢弃超时兴趣包的参数，以应对网络形成回路的情况。数据包中包含内容名称和内容对象，以及基于内容和名字产生的数字签名。

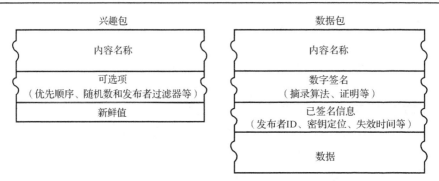

图 7.6　兴趣包与数据包

当内容请求者(content requester)需要获取某种内容时，则会向网络中发出一个包含相关内容名字的兴趣包。经过网络的路由转发，若兴趣包到达了拥有该内容的内容提供商(content provider)或者缓存了该内容的路由节点，该节点便会产生一个数据包并返回。

CCN 路由节点的主要功能包括数据包的缓存、兴趣包的转发和路由。为了保证 CCN 通信的高效性，在传统的架构中，每个节点内都包含三种重要的数据结构：缓存表(content store，CS)、待定兴趣表(pending interest table，PIT)和转发信息表(forwarding information base，FIB)，如图 7.7 所示。

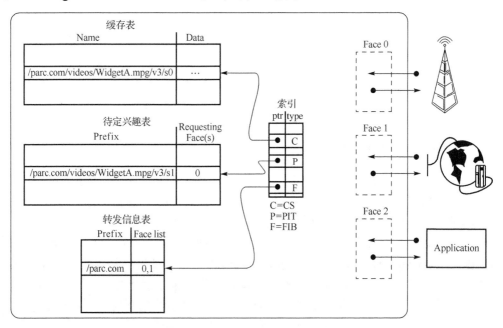

图 7.7　内容节点中的数据结构

CS 用于缓存用户请求过的内容片段。与 IP 路由器的 Buffer 不同，CCN 路由器利用 CS 将内容存储下来,以实现对后续同类请求的快速应答,大大缩短了用户与内容服务器之间的距离。考虑如下场景:一个自治系统内的多个用户同时想看一部电影,因而他们发送具有相同名字的兴趣包请求该视频文件。在其中一个当地用户得到该内容之后,邻近的 CCN 路由节点有很大概率缓存了相关内容,因此其他用户就不再需要到原内容提供商中请求相关数据,从而减少网络上游的带宽需求和网络下游的延时。

PIT 用于记录那些已经转发出,但尚未被满足的兴趣包。每个 PIT 表项都包含兴趣包的名字、到来和转发出的接口,以保证数据包能按此信息正确地遵循其所对应兴趣包的到来路径原路返回。每个新兴趣包的到来都将在 PIT 中创建其名字的对应表项,若该名字的表项在 PIT 中已经存在,则将兴趣包的入口接口添加到其中。当数据包到达时,若 PIT 中不存在其名字相应的表项,则丢弃该数据包,否则获取 PIT 表项中该节点收到该内容请求的所有入口接口,并向所有入口接口转发数据包,之后删除该 PIT 表项。

FIB 是将内容名字映射为端口的路由表。当兴趣包在 CS 和 PIT 中均查询失败时,路由节点则以 FIB 为参考,遵循某种转发策略进行转发。FIB 同 IP 网络中的路由表大体相似,但有两个不同之处:首先,IP 协议的每个转发表项通常只包含一个最优的下一跳,而 CCN 中的一个 FIB 表项可以同时包含多个转发接口,即支持多路径转发功能;其次,IP 协议中的转发表只包含下一跳的信息,而 CCN 的 FIB 中可能还包含来自路由和转发平面的一些辅助信息,如路由优先级、RTT(round-trip-time)、信道容量、丢失率等,以支持更具智能型和适应性的转发策略。

内容节点的数据通信过程主要分为兴趣包的处理过程和数据包的处理过程。

兴趣包的处理过程如图 7.8 所示,具体流程为内容请求者产生所需内容的兴趣包,并转发到邻近的 CCN 路由节点。CCN 路由节点收到兴趣包后,首先查询 CS 中是否还存有该内容片段,如果存在则直接将该内容片断以数据包的形式返回给用户,并丢弃兴趣包;若不存于 CS 中,则通过精确匹配的方式查询其 PIT,如果 PIT 中存在该内容的请求,说明已有其他用户请求过相同的内容,只需将当前入口接口添加到 PIT 中的相应内容条目,并丢弃兴趣包;若在 CS 和 PIT 中均未查询到,则最后查询 FIB,如果 FIB 中存在到达该请求内容服务器的下一跳接口,则按接口指示通过某种转发策略进行兴趣包的转发,并将最终采用的兴趣包转发接口添加到 PIT 中,FIB 中的表项由路由面指导生成。

数据包的处理过程较为简单,如图 7.9 所示。数据包按照 PIT 中所记录的兴趣包的转发路径原路返回。当某数据包到达路由节点时,首先查询节点中的 PIT,如果表中存在该内容的记录,则根据 PIT 中所记载的该内容的请求接口完成数据包的转发,并删除该 PIT 表项,同时根据缓存替换算法考虑是否在 CS 表中缓存该内容;若 PIT 表查询失败,说明该内容从未被请求过或请求的有效时间已过,丢弃该数据包。

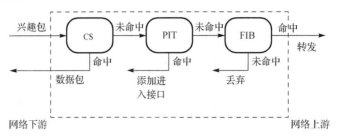

图 7.8　兴趣包的处理过程

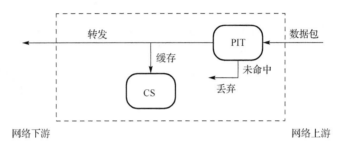

图 7.9　数据包的处理过程

综上所述，内容中心网络是一种由内容请求者发起的通信方式。为了获取所需内容，内容请求者需要主动发送含有所请求的内容名字的兴趣包。路由节点将根据查询情况选择返回数据包，合并和更新已有的 PIT 表项，或根据自身的 FIB 转发兴趣包。兴趣包被转发到所请求内容的提供商或者缓存该内容片段的路由节点后，该节点会产生一个包含所请求内容名称和数据内容的数据包。数据包将会沿着兴趣包转发的路径原路返回，最终到达该内容请求者。

1. 基于连接状态路由的内容寻址过程

IP 协议中的转发平面机械地遵循路由平面的指示进行转发，而不具有适应性和智能性，因此 IP 协议中的路由平面就是控制面。为了更好地进行未来网络的开发和设计，在路由平面不断发展和进步的同时，转发平面需要始终能与之相适应，以保持系统整体的高效可靠。为此，CCN 将转发平面和路由平面相解耦，为转发平面引入了更多的自主性，路由协议不再担任指挥者的角色，而是作为顾问为转发平面提供指导，这种灵活的架构使设计更具变革性的转发和路由协议成为可能。

在 CCN 中，路由平面的主要职责是进行 FIB 的配置，包括每个名字对应的转发接口集合以及每个接口的路由优先级。本系统使用基于连接状态的路由协议达成这一目的。

基于连接状态的路由将整个网络的拓扑信息保存在连接状态数据库中，并通过路由算法计算每个接口的优先级。例如，若 $\{I_i\}$ 是路由节点的接口集合，$I_k \in \{I_i\}$，

将拓扑中除 I_k 以外的所有 $\{I_i\}$ 中的接口移除，再通过 Dijkstra 算法获取到达内容提供商的路径开销，以此为依据对每个接口的路由优先级进行排序。

当采用连接状态路由协议时，设计寻址过程如下。

每个联盟链节点都包含路由信息库(routing information base，RIB)用于存储静态或动态的路由信息。在 RIB 中，每个表项都包含一个特定的名字空间，以及与该名字相关联的一系列路径。RIB 中的信息来自于 APP 的前缀注册、管理人员的静态手工配置或路由协议的动态计算。由此，管理面可以通过 RIB 中的路径信息完成该名字对应的 FIB 表项配置。由于 RIB 是独立于转发平面的模块，可以在采用复杂路由协议的同时，保持转发平面的简单和轻便。基于连接状态的内容寻址交互过程如图 7.10 所示。

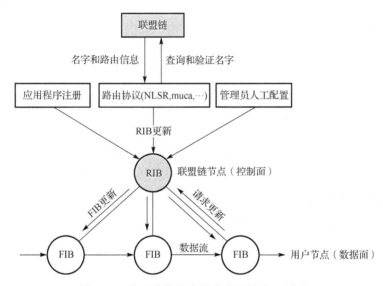

图 7.10　基于连接状态的内容寻址交互过程

资源的请求流程如下所示。

S1：在兴趣包的转发过程中，当 FIB 中不存在请求内容名的相应表项时，路由节点将向自治域内的联盟链节点递交 FIB 更新请求。若请求超时，则通过泛洪或随机的方式对兴趣包进行转发。

S2：联盟链节点查询 RIB 中是否存在未超时的相应表项，若表项不存在，则通过联盟链验证此名字是否存在且合法，以及查询与之相关的路由信息。在内容信息、请求者位置、网络拓扑等的基础上通过某种路由算法计算其传输路径，并完成相应 RIB 表项的配置。

S3：联盟链节点通过新增 RIB 表项计算路径上各节点的 FIB 更新信息，并将其下放到自治域中的路径上的各个节点。

在实际场合中，CCN 的转发平面可以选用不同的转发策略，例如，遵循路由平面，即选取每个 FIB 表项中路由优先级最高的接口进行转发或最短时延，即选取 RTT 最小者进行转发。在向最优接口进行转发的同时，转发平面还会间歇性地向其他未使用端口发出探测包，以获取 RTT、丢包率等参数，从而适应动态的网络环境。

2. 基于双曲路由的内容寻址

双曲路由是解决内容网络可扩展性问题的手段之一。内容网络采用层次化的名字标识对象，即名字的数量随着名字层次的增加而呈指数性的增长。由于内容网络直接面对内容进行转发，FIB 的规模将远远大于面向地址的 IP 转发表。同时，内容网络采用最长前缀匹配的方式进行 FIB 的检索，由于名字长度可变且样式没有限制，以往的基于树或者基于散列的查询将难以应用于其中。因此，FIB 的规模膨胀问题是目前内容网络规模化所面临的最严峻挑战之一。在本系统中，由于每个联盟链节点都将承担本自治域内路由计算和下发工作，该问题将更为突出，因此本系统引入双曲路由以应对大规模网络和域间路由等情形。

双曲路由的思想来源于计算机网络的无标度性，即两个节点的相连接概率不仅取决于两点之间的距离，还受到两节点连接度数的影响。双曲路由将计算机网络嵌入到弯曲空间中，节点的期望度数与节点处的空间弯曲程度相关联，由此可以将度数以几何量的方式进行对待，从而为基于距离的贪婪策略铺平了道路。

双曲空间指高斯曲率为负的空间，为了便于人们的想象和理解，一般用庞加莱圆盘对其进行表示，如图 7.11 所示。

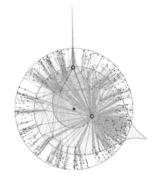

图 7.11　庞加莱圆盘

由于计算机网络具有无标度性，节点的期望度数 κ 服从指数分布：

$$\rho(\kappa) = \kappa_0^{\gamma-1}(\gamma-1)\kappa^{-\gamma} \tag{7.1}$$

其中

$$\kappa_0 = \overline{k}\frac{\gamma - 2}{\gamma - 1} \tag{7.2}$$

其中，κ_0 是最小期望度数；$\overline{k}$ 是网络的平均连接度数。

节点之间的连接概率为 $p(\chi)$，其中 χ 称作有效距离，$\chi \equiv d / (\mu\kappa\kappa')$，$p(\cdot)$ 是任意单调递减的可积函数，此处使用 Fermi-Dirac 分布：

$$p(\chi) = \frac{1}{1 + \chi^\beta} \tag{7.3}$$

在使用此分布时，参数 μ 为

$$\mu = \frac{\beta}{2\pi\overline{k}}\sin\left[\frac{\pi}{\beta}\right] \tag{7.4}$$

期望度数越大，节点具有更大的流行度，即越接近圆盘的中心，极径 r 满足：

$$r = R - 2\ln\frac{\kappa}{\kappa_0} \tag{7.5}$$

R 是包含全部节点的圆盘半径：

$$R = 2\ln\left[\frac{N}{\pi\mu\kappa_0}\right] \tag{7.6}$$

计算机网络到圆盘的映射算法采用极大似然估计（maximum likelihood estimation，MLE）方法，在给定上述先验条件和节点邻接矩阵 a_{ij} 的情况下，节点具有坐标 $\{\kappa_i, \theta_i\}$ 的似然函数为

$$L(\{\kappa_i, \theta_i\} \mid a_{ij}, \gamma, \beta, \overline{k}) = \frac{1}{(2\pi)^N}\prod_{i=1}^{N}\rho(\kappa_i)\frac{L(a_{ij} \mid \{\kappa_i, \theta_i\}, \gamma, \beta, \overline{k})}{L(a_{ij} \mid \gamma, \beta, \overline{k})} \tag{7.7}$$

其中，给定 $\{\kappa_i, \theta_i\}$ 后具有邻接状态（a_{ij}）的似然度为

$$L(a_{ij} \mid \{\kappa_i, \theta_i\}, \gamma, \beta, \overline{k}) = \prod_{i<j} p(\chi_{ij})^{a_{ij}}[1 - p(\chi_{ij})]^{1-a_{ij}} \tag{7.8}$$

且

$$\chi_{ij} = \frac{N\overline{k}(\pi - |\pi - |\theta_i - \theta_j||)}{\beta\sin(\pi/\beta)\kappa_i\kappa_j} \tag{7.9}$$

节点坐标的极大似然值为

$$\{\kappa_i^*, \theta_i^*\} = \operatorname{argmax}(L(\{\kappa_i, \theta_i\} \mid a_{ij}, \gamma, \beta, \overline{k})) \tag{7.10}$$

采用上述映射方法时，节点的坐标较少受到网络变动的影响，能在较长的时间内保持稳定，因而不需要频繁地因网络变动而重新进行路由计算。同时，网络的新入节点仅需要知晓其邻接节点的坐标信息就能完成其坐标计算。

双曲路由计算每个下一跳和目的地之间的双曲距离，并优先选取较小者进行转发。由于此过程仅依赖于目的节点和邻接节点的坐标信息，因此，庞大的 FIB 将不再有存在的必要，而 RIB 的主要任务则仅是传达目的地的坐标信息。同时，节点会将每个名字对应的目的地坐标和每次的距离计算结果存储在缓存器中，以便于后续同类请求的快速应答。在执行路由过程时，双曲距离的计算将在每个路由节点而非联盟链节点进行，从而减少了控制端的计算负担。

引入双曲路由后的业务流程做出了一定调整，基于双曲路由的内容寻址过程如图 7.12 所示。

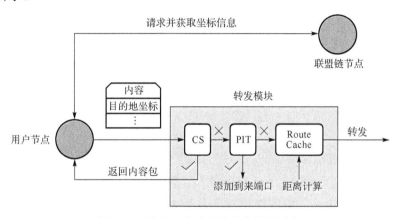

图 7.12　基于双曲路由的内容寻址过程

标识注册流程：区块链上同时需要存储每个名字对应的双曲坐标信息。由于坐标可以在较长时间内保持稳定，上述改变并不会过大地增加区块链的压力。

资源请求流程：当内容请求者请求一个名字对应的内容时，它首先将查询本节点的缓存，若缓存中不存在目的地坐标，它将发送一个兴趣包给本自治域内的联盟链节点，询问该名字的对应内容是否存在且合法，以及该名字对应的坐标信息。在获取内容对应的坐标后，请求者将坐标附入兴趣包中进行转发。

内容转发流程：内容请求者发送请求内容的兴趣包，或路由节点查询 CS 和 PIT 均失效后进入这一流程。节点首先查询缓存中是否存有先前的距离计算结果，若不存在则分别计算每个邻接节点和目的地之间的双曲距离，并以距离为参考遵循某种转发策略进行转发。

双曲路由的引入需要对转发策略做出一定程度上的调整，因为根据双曲路由贪婪策略选取出的接口很有可能只是次优路径，而且单纯的贪婪策略可能陷入局部最小值中；同时，因为双曲坐标会在较长时间内保持稳定，所以无法及时地反映出网络的短期变化。为此，转发平面需要增加探测包的数目，以及采用概率转发等方式，以适应路由平面的改变。

3. CCN 节点实现方案

系统总设计依然参考网络协议的分层架构，对协议进行分层处理。前面采用的架构是一种粗略的分层，在具体实现中采用图 7.13 所示的结构。

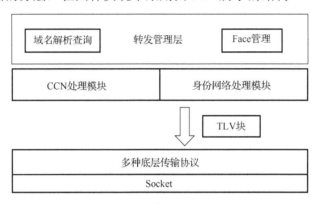

图 7.13　协议层设计

1) 命名方式

CCN 内容名称在网络中是不透明的，即路由器并不了解内容名称的真正意义。这使得每一个应用都可以选择适合自己需求的命名方案和允许命名方案独立于网络进行演变。CCN 命名以层次结构进行组织。为了方便表示，通常使用类似 URI 的方式通过“/”字符将命名组件分开。例如，一个由 PRAC 产生的视频文件可能的命名为/parc.com/videos/WidgetA.mpg/_v\<timestamp\>/_s3。定界符“/”并不是命名中的一部分，也不包含在数据包编码中。这个例子说明了当前暂时使用的应用层级别的命名规范。_v 后跟一个整型数字表示数据版本号，_s 后跟一个整型数字表示具体的数据块号。这种命名方式可以通过树的方式组织起来，如图 7.14 所示。

这种层次结构实现了名称的聚合，这对当今规模不断增大的路由表规模是至关重要的。内容名称并不需要做到全球唯一，尽管全球式的检索数据需要一定程度的唯一性。用于本地通信的名称严格地依赖于本地上下文环境，并只需本地路由就可以检索到相关数据。

2) 以太网传输模块

与 IP 网络对比，CCN 中没有内容名字到 MAC 地址的直接映射。数据链路层通过广播方式简化了内容分发，但同时也引入了两个主要缺点。首先，数据帧不被网卡 (network interface controller，NIC) 的通用设备驱动过滤。其次，802.11 和 802.15.4

等协议的公共链路层技术不支持广播帧(例如，ARQ)错误处理。所以要么实现一个特定的基于 CCN 扩展当前设备驱动程序的链路层，以在 NIC 上实现基于内容名称的数据包过滤；要么探索单播或者广播 MAC 地址到 CCN 的动态映射。本书主要采用在 CCN 中内容名字映射到 MAC 地址的机制，以实现内容名字取代地址路由的过程。

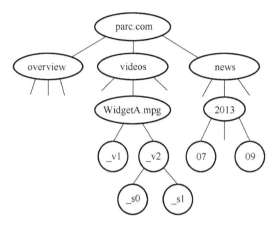

图 7.14　CCN 命名的层次结构

以最流行的局域网(local area network，LAN)、以太网技术为例，本书对 CCN 的增量部署进行了研究。特别地，采用传统的以太网来利用物理链路提高网络的灵活性和弹性。本系统通过以太网，直接在链路层上部署和执行 CCN，基于此，本书提出了 CCN 新型的四层协议栈，如图 7.15 所示。

图 7.15　CCN 新型的四层协议栈

CCN 节点以在数据链路层中的 MAC 地址上单播或者广播的方式发送兴趣包和数据包，为了清晰起见，本书将重点放在 CCN 节点的接口 face 上，设计 CCN 节点通过 face 接口与 MAC 地址连接来共享媒体数据。因此，整个 CCN 被划分为应用层、内容层、物理链路层，取消了传统网络的使用 IP 作为传输地址。

CCN 在以太网上部署的第一件事是在以太网帧中封装 CCN 分组。这在当前的 NDN（named data networking）转发守护进程 NFD（networking forwarding daemon）中直接实现。将 EtherType 设置为 0x8624，并在需要时处理碎片和重新组装。这面临了两个主要问题：在以太网帧中使用哪些 MAC 地址；如何在交换机之间转发帧以便检索内容。

在传统的 IP 网络中，网卡收到网络层发送的 IP 包后，通过地址解析协议（address resolution protocol，ARP）将目的 IP 地址装换为目的 MAC 地址，再封装成以太网帧发送出去。而 CCN 包中只有内容名一个标识，ARP 的解析方式不再适用。因此，CCN 层不仅要向以太网层提交 CCN 数据包，还要提供下一跳节点的标识。

根据 CCN 的工作机制，兴趣包根据 FIB 表的一组出口转发。在 CCN 的底层实现中，这组出口可以是物理网口和 MAC 地址的组合。由物理网口和 MAC 地址的组合可以唯一地确定一台邻接设备。所以在转发兴趣包时，路由节点可以依据 FIB 中对应的物理网口和 MAC 地址表项，将兴趣包封装成以太网帧发送出去。FIB 表应由路由协议生成，由路由协议完成邻接节点的探测。同理，数据包的转发依据 PIT 所记录的兴趣包的到达接口，路由节点在转发兴趣包之前，要在 PIT 中记录其到达的物理网口以及源 MAC 地址，为响应的数据包提供转发依据。

兴趣包处理模块和 Data 包处理模块按照 CCN 工作机制，调用 FIB 管理模块、PIT 管理模块和 CS 管理模块提供的接口，对于兴趣包队列和 Data 包队列中的待处理 CCN 数据包进行转发处理。

网卡收到以太网帧后，会根据帧首部的类型字段判断荷载中的协议类型，并转交给相应的协议栈进行处理。以太网标准中没有为 CCN 分配类型值，在实验阶段只能临时使用未被分配的类型值作为 CCN 的类型值。取兴趣包的类型值为 0x0601，Data 包的类型值为 0x0602。图 7.16 展示了结合 MAC 地址的 CCN 节点中的具体帧格式。

字节7	1	6	6	2	1024B	4	12
前导码	帧定界符	目的MAC地址	源MAC地址	类型	CCN数据包	校验序列	结束位

图 7.16　结合 MAC 地址的 CCN 节点中的具体帧格式

PIT 管理模块维护路由节点的 PIT 表项，PIT 表采用了基于 Hash 表的实现，如图 7.17 所示。PIT 表的表项由内容名、指向下一表项的指针和接口集合组成。该接口集合记录的是已转发的兴趣包的到达接口，由时间戳、到达网卡和源 MAC 地址组成。当需要转发 Data 包时，先在 PIT 表中进行内容名匹配，然后按照匹配表项中的接口集合，调用网络接口层的函数封装成以太网帧从相应的网卡发送出去。另外，PIT 表还需要实现超时机制，否则兴趣包的丢失将导致后续到达的相同的兴趣包一直被阻塞。PIT 表项中每一个接口都包含一个时间戳，记录该兴趣包被转发的时间。当再有相同的兴趣包从该接口到达时，先检查时间戳，如果超时就重新转发该兴趣包并更新时间戳。如果未超时则作丢弃处理。超时时间的选择应根据网络状况做出动态的调整。

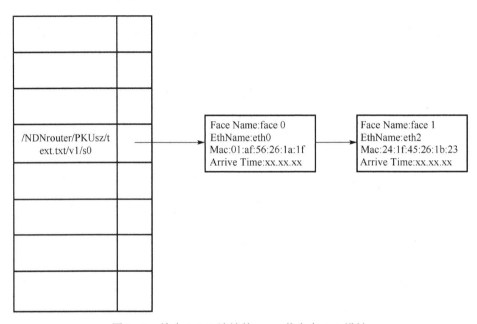

图 7.17　结合 MAC 地址的 CCN 节点中 PIT 设计

FIB 管理模块维护路由节点的 FIB 表项，采用字典树存储 FIB 表，如图 7.18 所示，CCN 中的内容名由"/"隔开的任意字符串构成。例如，当"/CCNrouter/PKUsz/test.txt"前缀匹配时，以"/"之间的字符串为单位进行匹配。在路由节点启动阶段，从配置文件中读入路由表，路由表项包括内容名前缀和转发接口集合，转发接口由转发网卡和目的 MAC 地址组成。内容名按"/"拆分存入字典树中，在内容名存入的最后一个节点处存入转发接口集合。其中，FIB 表的内容名匹配是最长前缀匹配，当有兴趣包需要转发时，从根节点开始搜索，匹配到第一级内容名。若该节点的接口集合不为空则记录，再在相应的子树继续搜索，匹配到第二级内容名，若该节点的接口集合不为空则更新刚刚记录的接口集合。如此迭代下去，直到 FIB 表中没有匹配的下一级内容名或内容名完全匹配。将兴趣包按记录下来的接口集合转发出去。

CS 管理模块维护路由节点的缓存功能，由 Hash 表和基于访问频率的优先队列组成。Hash 表负责缓存中内容名的匹配查找。基于访问频率的优先队列负责在缓存区即将溢出时选出被替换的缓存数据。当兴趣包到达时，先通过 Hash 表进行内容名匹配，匹配成功则复制内容块直接响应请求并在优先队列中增加相应条目的访问频率。当 Data 包到达时，同样先通过 Hash 表进行内容名匹配，匹配失败时从优先队列中选取访问频率低的内容块进行替换。

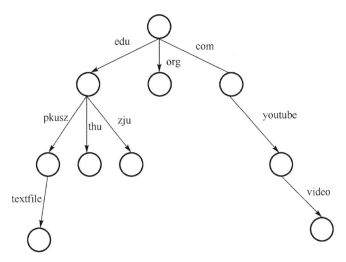

图 7.18　FIB 基于字典树实现

3）TCP/CCN 隧道方案设计

随着 CCN 领域研究的不断深入，目前面对的一个关键问题是 ICN 与现有 IP 网络的融合问题，这对于未来网络的发展与演进具有重要的意义。图 7.19 展示了系统的整体架构示意图。

CCN 与 IP 网络结合的一个转换思路是从 TCP（transmission control protocol）入手。TCP 是现有 IP 网中运输层使用最为广泛的协议，大量的应用层协议都以它为基础，因此 TCP 与 CCN 之间的协议转换具有更为广泛的实用意义。

设计的目的是使得两个 TCP 端通过中间的 CCN 进行通信，在 IP 网络与 CCN 的边界处需要设置一对转换节点，这对节点即发送代理和接收代理，分别连接到 TCP 的发送端与接收端。协议的转换与包的封装都在代理中进行，每个代理都有一个名字作为 CCN 中的路由前缀，这样 CCN 中的包才能顺利地传到指定的代理进行下一步的处理，代理的名字和其 IP 地址之间存在着映射关系。图 7.20 展示了 TCP/CCN 转换的协议栈。

下面将阐述连接建立、数据传输和拆除连接三个阶段。

首先需要建立连接才能传输数据，TCP 三向握手映射到等效的三次兴趣交换，两个代理都经过一系列初始化。在 TCP 设置阶段只使用兴趣包是有益的，因为为了传递实际的 TCP 数据，可以保存相应的 Data 消息。

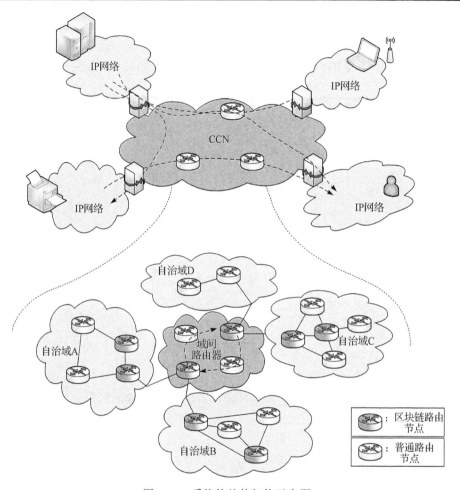

图 7.19　系统的整体架构示意图

　　图 7.21 为建立连接示意图。在连接建立之后便可以进行数据传输。由于 CCN 中数据的传输采用拉取(pull)模式，每一个数据包的传送都用来对应一个兴趣包请求，因此需要接收代理来发送兴趣包请求数据，发送代理才能发出相应的数据包，为了让接收代理知道有内容需要传送，就有必要由发送代理发送一个额外的兴趣包来告知接收代理。具体地，当 TCP 片段到达发送代理时，需要把待传输的数据转化为 CCN 数据包的形式，同时生成一个兴趣包来告知接收代理有待取数据，此兴趣包利用 TCP/IP 头部来构建，兴趣包的命名类似于下面的形式：/revproxy-prefix/TCP-IP-headers/nonce。其中，第一项是接收代理的路由前缀，用来路由到接收代理；第二项是 TCP/IP 头部，用来给接收代理提供必要的信息来构建拉取数据的兴趣包；最后的随机数用来保证唯一性，防止 ACK 报文由于名字一样而被 CCN 中的路由节点合并。图 7.22 展示了数据传输的流程。

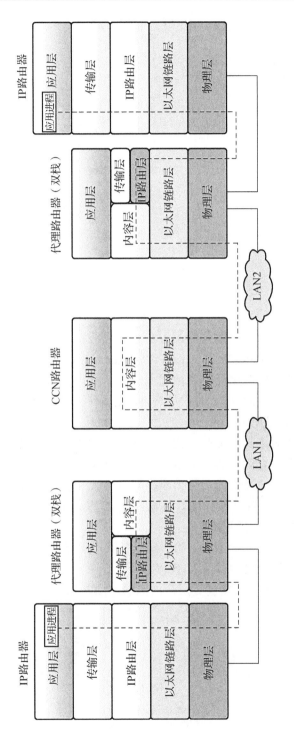

图 7.20　TCP/CCN 转换示意图

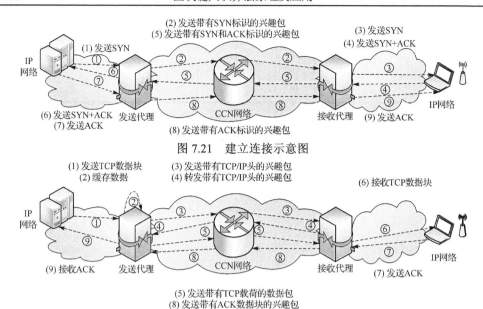

图 7.21　建立连接示意图

图 7.22　数据传输的流程

与此同时将刚刚构建的数据包放入发送代理缓存等待收方来取，数据包的命名遵循为/forwardproxy-prefix/TCP-tuple/TCP sequence number/number，其中，第一项是发送代理的名字，同时用于在路由过程中唯一标识发送代理；第二项包括了发端与收端的套接字，以及此 TCP 片段的序列号；最后的数字是为了防止 TCP 序列号用完循环导致的命名冲突。

当此兴趣包到达接收代理时，代理即知道在发送端有待取数据，立即发送兴趣包去请求数据，由 CCN 中的匹配原则可知，这里兴趣包的名字和前面的数据包是一致的，待数据包到达接收代理后，即执行解封装操作，将封装在数据包中的 TCP 片段通过 IP 网传送至 TCP 接收端，最后发回 ACK 响应，这样就实现了 TCP 数据包流通过 CCN 进行传送的过程。

在数据传输完成后，就可以拆除传输连接。类似地，TCP 四次挥手过程等效于 TCP/CCN 中四次兴趣包交换，两个代理都经历一系列终止状态。值得注意的是，对于 TCP 连接建立/拆卸，兴趣包交换是类似的。图 7.23 展示了拆除连接的过程。

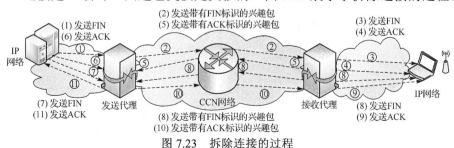

图 7.23　拆除连接的过程

7.3.3　PoV 区块签名机制

由于多标识网络的节点分工不同，本系统考虑使用层次化的群/环签名机制。网络中的节点签名共同形成树型结构，每个上级节点管理一组下级节点作为其叶子节点。上级签名由下级签名结合生成，包含了下级的全部信息，对上级签名的验证也包含了对以该签名为根的树的验证。与普通的群/环签名要求相似，在只拿到签名和验证公钥的情况下，任何第三方都不能追踪产生签名的签名者的身份。此外，层次化的群签名方案的安全性要求群管理员只能追踪其叶子节点的签名者身份，并不能打开其他群组下的成员所产生的签名。通过在不同层级、不同身份的节点之间建立群组关系，上级节点的群管理员可以快速定位到问题群，并识别相应的恶意用户。

新型多标识网络体系管理系统的层次化签名机制如图 7.24 所示。

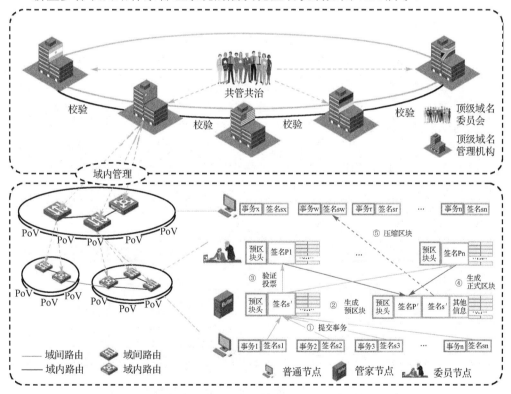

图 7.24　新型多标识网络体系管理系统的层次化签名机制

(1)底层域内任意普通节点产生事务并附上签名 S，同时也接收域内事务，验证事务内容和签名的正确性，若正确则向域内其他节点转发该事务。管家节点监听域内事务，并将有效的事务放入事务池中。

(2)值班管家节点定期从事务池中取出一些事务，封装成预区块，与这些事务所属的普通节点组成群，生成新的上级群签名 S'，与预区块一起发送给域内所有委员节点和管家节点。

(3)委员节点收到预区块后，验证预区块内的事务和管家签名 S'，若同意本区块生成则将自己的签名 P 和时间戳作为票务信息发回给值班管家节点。

(4)在区块截止生成时间之前，若值班管家已经收集到半数以上同域委员节点的签名和时间戳，则与这些签名所属的委员节点组成环，生成新的上级环签名 P'。

(5)当委员节点接收到正式区块后，验证区块内的签名 P' 和 S'，将有效区块包含的事务从事务池中删除。若此时委员节点不处于顶层域，则提取区块头为一条事务，根据后附的管家签名 S' 生成新的上级群签名 S''，作为上一层域的普通节点提交该事务。其他上级节点继续验证签名 P' 和 S''。若此时委员节点处于顶层域，当有半数以上委员节点确认收到后，此区块进入合法状态，拥有最终确认性。

7.3.4　标识数据存储机制

本系统用多种路由标识共存的数据报文来封装内容网络对象，此数据报文格式需要支持网络中多种路由标识，并且能够在特定网络状态下，某些标识不可达的情况下相互进行转换以及过渡。其区块链链上编码及本地数据库格式如图 7.25 所示。

面向未来网络的报文必须解决现有 IPv4 报文中地址空间耗尽以及骨干网络解析表过于庞大等问题，并且在分组处理效率、安全性、QoS 等特点上应有明显的优势。除此之外，未来网络中将存在大量的流媒体数据，因此资源数据的存储将放于本地数据库，同时对这部分数据进行相关的 Hash 校验，区块链上将存放相对应的路由标识和 Hash 以进行一致性校验。

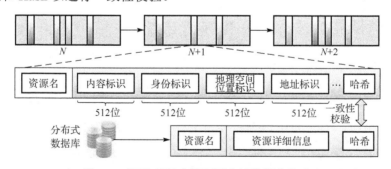

图 7.25　区块链链上编码及本地数据库格式

其顶级标识及各级标识的编码图例如图 7.26 所示。

对于顶级标识的注册将采用短编码形式实现，而二级标识及后续各级域名注册将强制使用长编码方式实现。不同级别的标识之间通过"/"进行分割。所有在区块链上注册的标识都需要获得所在域的顶级域的服务器节点签名，且自动在其 URL 路径前加入所在域的顶级域的服务器的短编码，以实现顶级域的服务器对所在域的各级域的解析以及监管等功能。

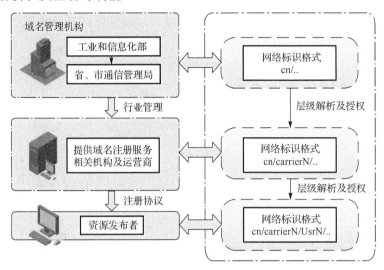

图 7.26 顶级标识和各级标识的编码图例

为了保证标识解析的完整性和安全性，本系统使用结合 PoV 共识机制的区块链标识数据存储机制，如图 7.27 所示，系统包括标识信息采集单元、区块链存储单元、外部信息存储单元、标识解析查询单元和标识信息分析单元。区块链标识数据存储系统主要包含两个标识信息来源：来自本地标识申请的全部信息以及来自区块链同步的其他域内的信息。标识信息采集单元负责收集不同模块的标识信息，过滤无效的标识数据以及删除错误的标识数据，并对客户端的标识申请进行格式变化，然后随机选择 PoV 管家节点打包发送标识数据。为了防止 PoV 节点同时处理过多的数据请求和区块打包服务，系统引入负载均衡。标识解析查询单元和标识信息分析单元从 PoV 区块链中查询标识的简要信息与详细信息，并支持基于区块链高度、标识 URL、域内服务商、时间范围等多种方式的标识信息筛选和查询操作。

为了满足新型多标识网络体系管理系统的持续、高效的解析业务需求，系统的链上标识存储单元采取分段式存储策略，如图 7.28 所示，系统使用监测点技术对区块链进行分段，其中全网节点均存储监测点之前的完整区块信息，而监测点之后的区块使用分布式哈希表(distributed Hash table，DHT)进行存储，以降低大规模部署时单个节点的存储及查询负载。此外，在每个节点中部署缓存机制，识别常访问的网络内容，提升整体系统的可用性。

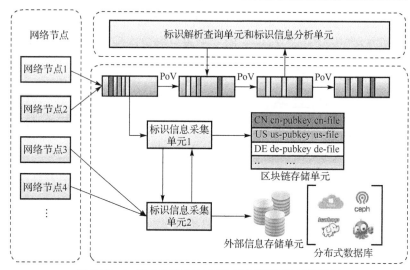

图 7.27　PoV 共识机制的区块链标识数据存储机制

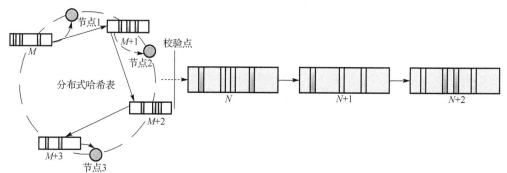

图 7.28　分段式存储策略

7.4　本 章 小 结

在本章中，我们介绍了一种新型的结合区块链技术的多方共管共治的新型多标识网络体系管理系统。它克服以往域名系统可能被单方掌控的缺陷，做到了各方平等，每个参与方都可以参与进来维护整个域名系统，不存在特权方能够对域名系统进行完全的控制，实现了网络对于开放平等的基本要求，对网络安全具有深刻意义。系统不但支持传统的 IP 网络，同时支持以内容为标识的网络，拥有广阔的发展前景。

参 考 文 献

[1]　Partridge C, Mendez T, Milliken W. Host anycasting service. RFC Network Working Group, 1993, 11(3): 133-135.

[2]　Newman L. What we know about Fridays massive east coast internet outrage 2016. https://

www.wired.com/2016/10/internet-outrage-ddos-dns-dyn. [2018-12-10].

[3]　程卫华. DNS 缓存污染的攻击方式和防御策略. 电信快报: 网络与通信, 2015 (9): 16-21.

[4]　Rosenblatt S. Fake Turkish site certs create threat of bogus Google sites. http://cnet.co/ 2oArU6O. [2018-12-10].

[5]　Zhang L, Estrin D, Burke J, et al. Named data networking (NDN) project. http://named-data.net/ techreport/TR001ndn-proj.pdf. [2018-12-10].

[6]　Seskar I, Nagaraja K, Nelson S, et al. Mobilityfirst future internet architecture project. Proceedings of the 7th Asian Internet Engineering Conference, Bangkok, 2011: 1-3.

[7]　Gavras A, Karila A, Fdida S, et al. Future internet research and experimentation: The FIRE initiative. ACM SIGCOMM Computer Communication Review, 2007, 37 (3): 89-92.

[8]　Aoyama T. A new generation network: Beyond the Internet and NGN. IEEE Communications Magazine, 2009, 47 (5): 82-87.

[9]　Schwerdel D, Reuther B, Zinner T, et al. Future internet research and experimentation: The G-Lab approach. Computer Networks, 2014, 61: 102-117.

[10]　Namecoin. https://Namecoin.info. [2018-12-10].

[11]　Ali M, Nelson J, Shea R, et al. Block stack: A global naming and storage system secured by block chains. 2016 USENIX Annual Technical Conference (USENIX ATC 16), Denver, 2016: 181-194.

[12]　Nelson J, Ali M, Shea R, et al. Extending existing blockchains with virtualchain. Workshop on Distributed Cryptocurrencies and Consensus Ledgers, Zurich, 2016.

[13]　Benshoof B, Rosen A, Bourgeois A G, et al. Distributed decentralized domain name service. IEEE International Parallel and Distributed Processing Symposium Workshops, Chicago, 2016: 1279-1287.

[14]　Zupan N, Zhang K, Jacobsen H A. HyperPubSub: A decentralized, permissioned, publish/ subscribe service using blockchains. Proceedings of the 18th ACM/IFIP/USENIX Middleware Conference: Posters and Demos, Las Vegas, 2017: 15-16.

[15]　Brownlee N, Claffy K C, Nemeth E. DNS Root/gTLD performance measurements. Proceedings of USENIX LISA, San Diego, 2001: 241-256.

[16]　关于互联网通用顶级域申请有关问题的通告. http://www.gov.cn/gzdt/2012-03/01/content_ 2080263.htm. [2012-03-01].

[17]　孟洛明. IP 网的可测可控可管: 问题、现状和若干重要研究方向. 中兴通讯技术, 2010, 16 (Z1): 30-35.

[18]　罗军舟, 韩志耕, 王良民. 一种可信可控的网络体系及协议结构. 计算机学报, 2009, 3 (3): 391-404.

[19]　吴建平, 吴茜, 徐恪. 下一代互联网体系结构基础研究及探索. 计算机学报, 2008, 31 (9): 1536-1548.

[20] 吴建平, 林嵩, 徐恪, 等. 可演进的新一代互联网体系结构研究进展. 计算机学报, 2012, 35(6): 1094-1108.

[21] 唐红, 张月婷, 赵国锋. 面向服务的未来互联网体系结构研究. 重庆邮电大学学报(自然科学版), 2013, 25(1): 44-51.

[22] 兰巨龙, 程东年, 胡宇翔. 可重构信息通信基础网络体系研究. 通信学报, 2017, 35(1): 128-139.

[23] 张宇, 夏重达, 方滨兴, 等. 一个自主开放的互联网根域名解析体系. 信息安全学报, 2017, 4: 57-69.

[24] 雪人计划. www.yeti-dns.org. [2018-12-10].

[25] Wu J, Bi J, Li X, et al. A source address validation architecture (SAVA) testbed and deployment experience, IETF RFC5210, 2008.

[26] Wu J, Cui Y, Metz C, et al. Softwire mesh framework, IETF RFC5565, 2009.

[27] Wu J, Cui Y, Li X, et al. 4over6 transit solution using IP encapsulation and MP-BGP extensions, IETF RFC5747, 2010.

[28] 汪斌强, 邬江兴. 下一代互联网的发展趋势及相应对策分析. 信息工程大学学报, 2009, 10(1): 1-6.

[29] 张小平, 刘振华, 赵有健, 等. 可扩展路由器. 软件学报, 2008, 19(6): 1452-1464.

[30] 李晓东, 耿光刚, 王翠翠. 一种基于域名服务 DNS 系统的区块链数字身份认证方法及系统与流程: 中国, 201611019760.2. 2016-11-17.

[31] 北京泰尔英福网络科技有限责任公司. http://www.tele-info.cn. [2018-12-10].

[32] PPKPub. www.ppkpub.org. [2018-12-10].